JN335807

失敗から学ぶ［実務講座シリーズ］⑩

税理士が見つけた！

本当は怖い 建設業経理の失敗事例55

東峰書房

[　はじめに　]

辻・本郷 税理士法人は、新宿に本部があり、北は札幌から南は沖縄まで全国に支部展開をしている税理士法人です。

多くの法人・個人のお客様の会計および税務の書類作成、税務関係の申告書の作成を行っています。また、相続税・贈与税の申告業務や事業承継のコンサルティングの業務を行っています。

法人対象のなかで関与の多い業種は、医業と建設業です。医業については、すでに東峰書房より「税理士が見つけた！ 本当は怖い医療法人設立・運営の失敗事例55」を刊行しており、多くの読者を獲得しています。

今回、同シリーズで「建設業」における失敗事例の刊行を東峰書房より勧められ、出版のはこびとなりました。執筆は、「建設業プロジェクトチーム」が担当しました。「建設業プロジェクトチーム」は法人第4部のメンバーを中心として、各支部で「建設業」の会計・税務に精通しているメンバーが、事例や税法改正の勉強会をしています。

「建設業」は基幹産業であり、関連業種も多く裾野の広い業種です。実務の世界で経験したこと、また、お客様から寄せられた相談事例を中心として執筆しました。「建設業」経営者および財務経理担当者の皆さんのお役に立てるものと思います。

失敗事例を「他山の石」として、上手な税務のリスクマネジメントによって会社発展の礎にしていただければ幸甚に存じます。

なお、税務以外に、「建設業」に関連の深い「経営事項審査」についても触れていますので参考としてください。

最後に、編集の労をとっていただきました東峰書房の鏡渕さん、根本さんに感謝申しあげます。

辻・本郷 税理士法人
理事長　本郷 孔洋

目次

税理士が見つけた!
本当は怖い建設業経理の失敗事例55

事例 01

工事進行基準計上と工事原価対応の合理性

弊社は、土木工事業を営んでいる法人です。前期は目標売上高に達しないこともあり、工事期間3年の請負契約であるA工事について、工事進行基準を選択していました。今期は順調に進んでいたA工事でしたが、期中に材料費や諸経費の高騰の影響を受け工事原価が予想を上回っていました。

今期決算において、A工事の収益を算定する際に前期同様、当初見積額を予想工事総原価額として算定しました。その後、税務調査があり、「工事進行基準を採用する際に適正な工事進行割合にて算定されていない」との指摘を受けました。

失敗のポイント

工事進行基準を適用する場合には、年度末に適正な工事進行割合を把握し、合理的な収益を見積もって算出する必要があります。

工事進行割合を適正に把握するためには、工事の進行度や工事原価の負担度などの現状を確認し、決算時点での予想工事総原価額を見積もっておくことが大切です。今回はその予想工事総原価額を当初見積額のままにしてしまっていたことが失敗のポイントです。Ａ工事については、適正な工事進捗度による工事収益・工事費用の見直し後、修正申告を求められることになるでしょう。

正しい対応

今回の場合、Ａ工事の予想工事総原価ついては工期１年度目の当初見積額で問題ありませんでしたが、工期２年度目に関しては、材料や諸経費の高騰といった影響を受けました。工期１年度目と工期２年度目では、Ａ工事の予想工事総原価額が違ってくるため、見直しを行う必要があります。見直し後の予想工事総原価額によって、正しい工事進行割合が把握され、Ａ工事の工事収益が算定されることになります。

短期間で終わる工事は、一般的に材料等は工事が始まるとともに、ある程度発注される

ため、負担度合いが大きく変わることはないでしょう。ただし、A工事のように長期間にわたる工事については、実際の経済状況の変化など様々な影響により、工事材料やその他諸費用の負担度合いは毎年変わっていくと見込まれます。また、工事進行基準を適用した工事については、予想工事総原価額の変動の他にも、当初の請負契約金額に変更があった場合には、年度ごとに見直しを検討する必要があるため注意しましょう。

［ポイント解説］

税務上、工事進行基準を適用する際には、工事進捗度を算定し、それをもとに当期にかかる工事収入と工事原価を計算する必要があります。

①**工事進捗度**＝発生工事原価額÷予想工事総原価額

②**当該事業年度の収益の額**＝工事の請負契約金額×①工事の進行進捗度－当該事業年度よりも前の各事業年度に収益の額とされた金額

③**当該事業年度の費用の額**＝当該事業年度終了時の現況により、予想されるその工事の見積工事原価の額×①工事の進行割合－当該事業年度よりも前の各事業年度に費用の額とされた金額

予想工事総原価額について、2年度目以降に見直しを行った場合には①工事進捗度についても、再度算出する必要があります。

④**見直し後の工事進捗度**＝当該事業年度までの発生工事原価の累計額÷見直しを行った予想工事総原価額

▶税理士からのポイント

建設業会計においては、一般に公正妥当と認められる合理的な算定基準により、その方法を継続適用して原価算定を行わなければなりません。今回の工事進行基準の際の注意点もそうですが、日常的に起こる共通原価に関しても同様に、各工事への按分計算を行わなければなりません。決算期には一度完成工事高とした工事の原価については再度見直し、適正な按分となっているかの確認が必要です。

事例

02

未成工事支出金（仕掛工事）の計算根拠

弊社は、建設業を営んでいる法人です。受注工事は順調で業績も好調です。弊社では営業車両は自社で所有していましたが、機械等についてはレンタル、もしくは外注に頼ることが続いていました。ですが、今期の業績を踏まえ、工事に使用する機械等を自社で購入することになりました。経費管理については、営業車両に対する燃料費や、自社所有の機械等に対する燃料費・修繕維持費は、業者よりまとめて請求されるため、特に基準は決めずに状況に応じて、工事原価や一般管理費に計上していました。

その後、決算期が近づき、担当の税理士と決算の事前準備の打ち合わせをしたところ、「未完成工事原価に含まれる経費等の区分には一定の基準がありますか？　基準がなければ、正しい未完成工事の工事原価が把握できませんよ」との指摘を受けました。

前述のとおり、区分については特に基準が決まっていなかったため、慌てて燃料等の経理処理について期首から見直すことになりました。

失敗のポイント

完成工事原価に掲げる金額は、一般に公正妥当と認められる会計処理にしたがって計算されるものとする必要があります。そのため工事現場で使用した機械等に係る経理が工事原価に該当するかの基準を明確にする必要があります。

基準を明確にせずに機械等の経費が各工事現場によって工事原価や一般管理費で経費処理されたことが失敗のポイントです。

この事例では、自社所有の機械等を工事現場で使用していることから、機械等経費や燃料費について、未完成工事の工事原価として処理することとなるでしょう。

正しい対応

今回の場合には、工事現場に使用していることを把握していながら、工事現場によって工事原価・一般管理費で経理処理するのではなく、区分を明確にして経理処理ができないか検討する必要があります。

工事原価に該当する支出を恣意的に一般管理費で処理していた場合には、未成工事支出金の金額に影響することから特に問題となりますので注意が必要です。

検討の結果、工事現場で使用した自社所有の機械等についての減価償却費・燃料費等については、工事原価に該当する旨を明確にし、各工事現場に適正に配賦する必要があります。

[ポイント解説]

工事原価に計上すべき費用とは、受注した工事を完成させるために直接又は間接に要した費用であり、下記の4要素に区分されます。

販売費及び一般管理費に計上すべき費用とは、工事を完成するために要した工事原価以外の費用であり、販売や管理に要した費用等が該当します。

①材料費

工事に直接要した素材、半製品、製品及び貯蔵品等の取得に係る費用であり、購入対価以外に引取運賃や保険料等の諸掛がある場合には、その金額を含めた金額

②労務費

工事に従事した直接雇用の作業員に対する賃金、給与手当等の人件費

③外注費

工種・工程別等の工事について素材、半製品、製品等を作業とともに提

供し、これを完成することを約する契約に基づいて支払った費用

④経費

完成工事について発生し又は負担すべき材料費、労務費及び外注費以外の動力用水光熱費、機械等経費、設計費、労務管理費、租税公課、地代家賃、保険料、従業員給料手当、法定福利費、事務用品等の費用

今回のケースについては、建設現場で使用している機械等に係る燃料費や修繕維持管理費は、上記④の「完成工事について発生した機械等経費」に該当するため、工事原価の経費に該当します。

また、建設業における原価計算については、種類を異にする製品を個別的に生産する生産形態に適用する「個別原価計算」が採用されます。そのため、当該機械等を複数の建設現場で使用している場合には、合理的な配賦基準により当該機械等に係る燃料費や修繕維持管理費を各工事原価に配賦する必要があります。

事例 03

現場社員給与と未成工事支出金との関連性

弊社は、総合工事業を営んでいる法人です。設立してまだ数年の会社のため、事務員を雇う余裕もない状態が続き、A課長は現場監督と事務部門を兼務していました。A課長はほとんどの現場監督を担当していましたが、A課長の給与については一般管理費（事務員給与）として経費処理をしていました。その後、税務調査があり「期末の未成工事支出金に、未完成工事の現場に関わった現場監督の給与が含まれていない」と指摘を受けました。

失敗のポイント

現場監督の給与は工事原価に含まれる労務費となりますので、期末の未成工事支出金には、現場での作業員の他、現場監督の給与も計上することになります。事務作業も兼務しているので、単純に一般管理費として経費処理していたことが失敗のポイントです。

この事例では、工事原価とするべき現場監督の給与が一般管理費の給与として処理されたため、未成工事支出金に配賦するべき労務費の分まで損金算入されてしまっています。期末の未成工事支出金の見直し後、修正申告を求められることになるでしょう。

正しい対応

今回の場合には、現場監督の給与も工事原価に含まれる労務費となりますので、期末の未完成工事に配賦する労務費は未成工事支出金として計上する必要があります。また、複数の工事現場に関わっている場合には、未完成工事に対応した労務費を適正に計算し配賦できるかの検討が必要となります。

そのため、現場監督の給与総額や法定福利費の金額を各現場に配賦するために、日頃から作業日報などで各現場に対する労務割合を把握できるような管理が必要となります。

従業員の給与を工事に関わる労務費と一般管理費となる給与等に分けて管理することは、期末の未成工事支出金を正しく算出するだけではなく、労働保険料を申告・納付するうえでも大切となってきます。

[ポイント解説]

「建設業法施行規則第4条及び第10条に規定する別記様式第15号及び10号の国土交通大臣の定める勘定科目の分類を定めた件」によれば、労務費は次のように定められています。

工事に従事した直接雇用の作業員に対する賃金、給料及び手当等。工種・工程別等の工事の完成を約する契約でその大部分が労務費であるものは、労務費に含めて記載することができる。

このように、現場で直接働く作業員の賃金はもちろんのこと、工事現場に関わる従業員の給料等は「労務費」として計上することになります。また、期末の未完成工事については、その工事の原価となる労務費を未成工事支出金として計上します。現場作業員や現場監督者などの労務費を把握するためにも、作業日報や作業工程表を完備することが大切となってきます。

※「建設業法施行規則第4条及び第10条に規定する別記様式第15号及び10号の国土交通大臣の定める勘定科目の分類を定めた件」によれば、販売費及び一般管理費のうち、従業員給料手当は次のように定められています。

本店及び支店の従業員等に対する給料、諸手当及び賞与（賞与引当金繰入額を含む）

▶税理士からのポイント

設立してから間もない建設業者等、比較的小規模な建設会社では現場と事務を兼務されている従業員が多いことかと思います。従業員に関しては前述のとおりとなりますが、使用人兼務役員とされている方がいる場合にも注意が必要となります。使用人兼務役員の場合、使用人部分は一般の従業員と同じ給与の性質を持っているため、工事原価となるか否か、事前に確認する必要があるでしょう。

事例 04

パソコンやプリンターなどを資材と一緒に購入

弊社は、建築業を営んでいる法人ですが、資材は、ほとんどをＡ社から仕入れております。Ａ社は資材のほかにも幅広い商品を取り扱っており、また事務用品や機械・作業用品の修理もおこなっている会社です。この度Ａ社から、現場事務所にて使用するパソコン（12万円）とプリンター（11万円）を購入しました。パソコン等は資材と一緒に発注したこともあり、Ａ社から発行された請求書の分を全て未成材料費として処理していました。そして工事も完成したことから工事原価として計上していました。

その後、税務調査があり「取得価額が10万円以上の事務用消耗品が工事原価に算入されています。減価償却資産に該当しますので、全額工事原価に算入することはできません」と指摘を受けました。

失敗のポイント

資材と一緒に購入した消耗品とはいえ、取得価額が10万円以上の消耗品は減価償却資産に該当します。さまざまな現場で使用できるパソコンやプリンターについて、資産計上の検討をせずに未成材料費として処理したことが失敗のポイントです。

この場合は、パソコンとプリンターが減価償却資産とみなされるため、工事原価に計上した金額は否認され、その減価償却資産の当期に対応する減価償却額を算出する修正申告を求められることになるでしょう。

また、減価償却資産は市町村への「償却資産の申告」にも影響し修正申告が必要となるでしょう。

正しい対応

今回の場合には10万円以上の資産を購入していることから、減価償却資産に該当するか検討する必要があります。

中小企業等が減価償却資産を購入した場合、その資産が「中小企業者等の少額減価償却資産の損金算入の特例」に該当する場合には、その特例を選択することによって取得価額を全て損金の額に算入することが可能です。なお、購入した資産が少額減価償却資産として認められるためには、少額減価償却資産の取得価額に関する明細書の添付が必要

となります。

「中小企業者等の少額減価償却資産の損金算入の特例」の他にも、原則10万円以上20万円未満の減価償却資産については3年間での均等償却を選択することも可能です。

[ポイント解説]

少額の減価償却資産の取得価額の損金算入制度について

法人が以下の減価償却資産を取得等して事業の用に供した場合には、通常の減価償却に代えて取得価額に相当する金額等を経費として計上できます。

①使用可能期間が1年未満のもの又は取得価額が10万円未満のものは、その取得に要した金額の全額を業務の用に供した年分の必要経費とします。

②取得価額が10万円以上20万円未満の減価償却資産については、一定の要件の下でその減価償却資産の全部又は特定の一部を一括し、その一括した減価償却資産の取得価額の合計額の3分の1に相当する金額をその業務の用に供した年以後3年間の各年分において必要経費に算入することができます。

③一定の要件を満たす青色申告者が、平成18年4月1日から平成28年3

月31日までに取得した取得価額10万円以上30万円未満の減価償却資産（上記①②の適用を受けるものを除きます。）については、一定の要件の下でその取得価額の合計額のうち300万円に達するまでの取得価額の合計額をその業務の用に供した年分の必要経費に算入できます。

▶税理士からのポイント

少額（取得価格30万円未満）の設備に関しては、中小企業者等であれば、取得金額20万円未満のものであっても「少額減価償却資産」として一括損金算入される方も多いかと思います。本事例では失敗のポイントで償却資産税についても触れましたが、「一括償却資産」を選択した場合にはこの償却資産税がかからないこともポイントになります。少額資産については会社内で充分に検討し、計上方法を決定することをお勧め致します。

事例 05

短期前払費用と土地使用料や損害保険料

当社は、建設業を営む３月決算法人です。今期（×１年３月期）の業績が好調であったため、２月末頃に法人税を試算したところ多額の納税が発生することがわかりました。そこで、×１年３月に資材置き場の地代と工事損害保険料を年払（×１年４月～×２年３月分）し、費用に計上しました。

その後、税務調査が入った時に「資材置き場の地代と工事損害保険料は、工事の共通原価となりますので、未成工事に配賦する部分については、当期の損金となりません」と指摘されてしまいました。

失敗のポイント

前払費用について、損金算入が認められるためには下記の要件を満たす必要があります。

①支払った時から１年以内に役務の提供を受けていること。

②一定の契約に基づき継続的に役務の提供を受けるために支出した費用であること。

事例の場合には、上記２点を満たしているため支払った金額を今期に損金算入することができます。しかしながら、当該費用が工事原価に含まれる場合には、未成工事部分は棚卸資産として計上しなければなりません。事例の費用は間接原価（共通費）に該当するため、未成工事支出金に配賦する部分については今期の損金となりません。

今回の事例の場合には、短期前払費用の損金算入の要件を満たしていますが、その費用が工事原価に該当しますので、完成工事原価と未成工事原価に区分する必要があります。未成工事部分を含めた全額を損金算入していたことが失敗のポイントです。

正しい対応

事例の場合、年払した地代と工事損害保険料（共に共通原価）について一定の配賦基準によって完成工事原価と未成工事原価に配賦する必要があります。

年払項目	金額
地代	200
工事損害保険料	150
合計	350

配賦

完成工事 240

未成工事 110

※共通原価の配賦方法については、事例７参照。

[ポイント解説]

1年以内の短期前払費用については、収益との厳密な期間対応による繰延経理をすることなく、その支払時点で損金算入を認めるものであり、企業会計上の重要性の原則に基づく経理処理を税務上も認めるというものです。

ただし、「支払いから1年以内に提供を受ける役務に係るもの」とされているため、場合によっては支払時の損金として認められないケースもありますので注意が必要です。

また、継続適用が要件となっておりますので、利益が出た時のみ年払いをする場合には課税上の弊害が生ずる可能性がありますので、この通達を適用には注意が必要です。

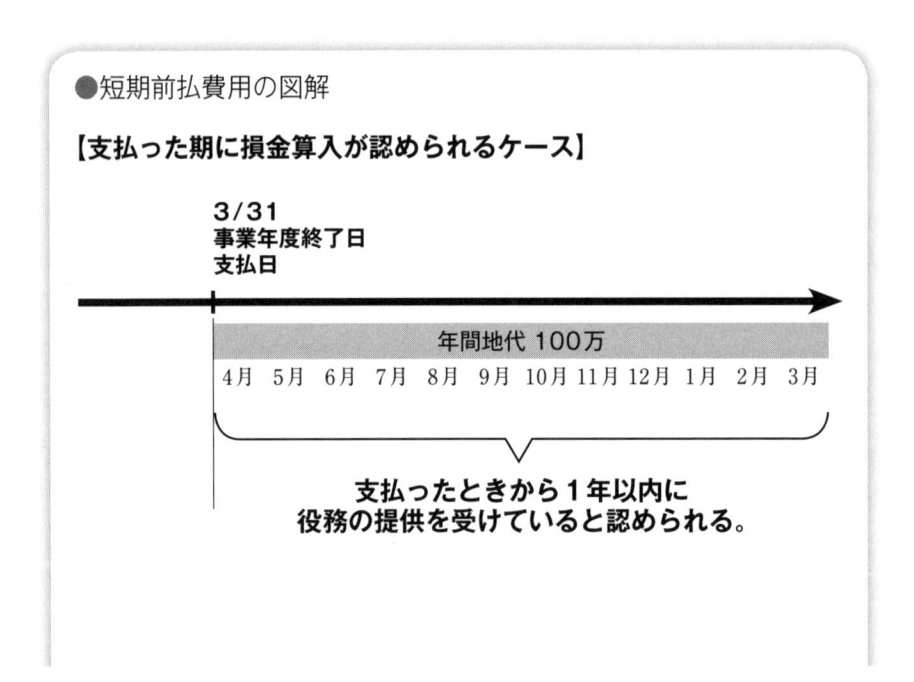

●短期前払費用の図解

【支払った期に損金算入が認められるケース】

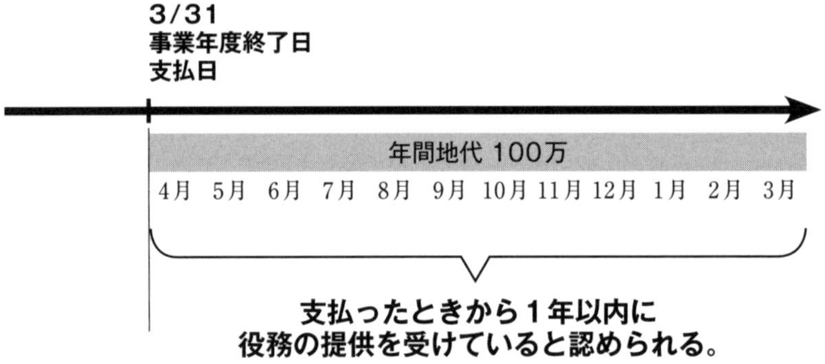

【支払った期の翌期の損金となるケース】

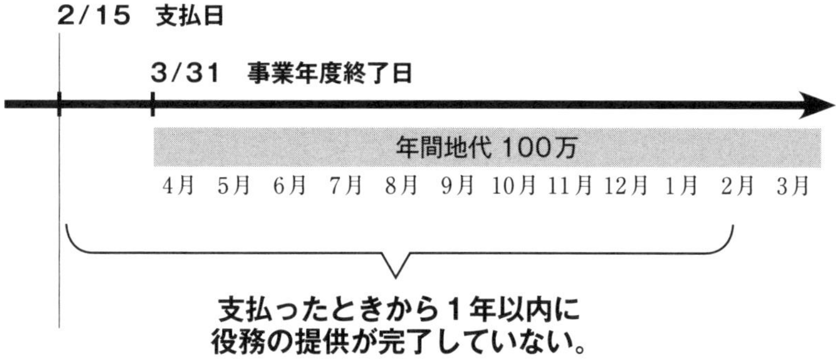

特に建設業においては、当該短期前払費用の適用を受けて費用処理したものが工事原価にあたる場合には、未成工事支出金に該当するものがないかどうかの確認が必要です。

法人税基本通達2-2-14

前払費用（一定の契約に基づき継続的に役務の提供を受けるために支出した費用のうち当該事業年度終了の時においてまだ提供を受けていない役務に対応するものをいう。以下2-2-14において同じ。）の額は、当該事業年度の損金の額に算入されないのであるが、法人が、前払費用の額でその支払った日から1年以内に提供を受ける役務に係るものを支払った場合において、その支払った額に相当する金額を継続してその支払った日の属する事業年度の損金の額に算入しているときは、これを認める。

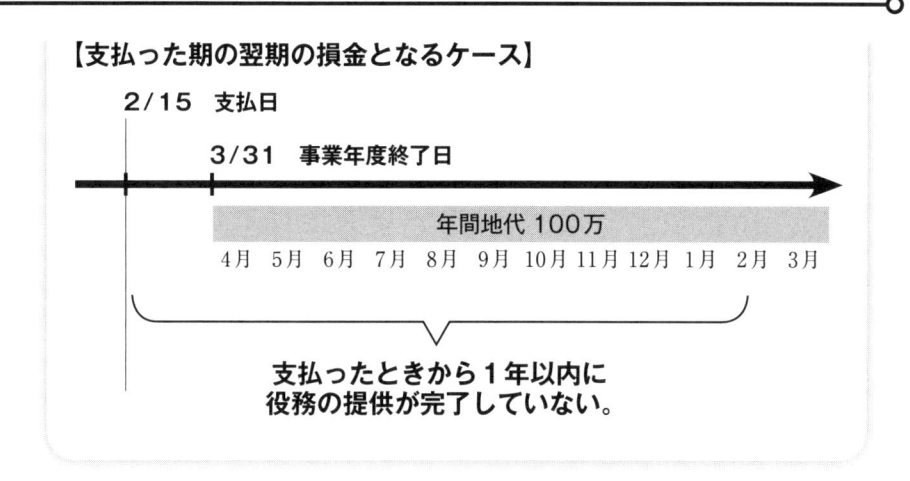

事例

06

未使用消耗品の期末在庫の計上漏れ

当社は、建設業を営む法人です。今期の業績が好調だったこともあり、決算前に、現場で使用する資材や車両の予備のタイヤ等を購入して、消耗品として費用計上しました。

その後、税務調査が入り「未使用の現場消耗品、車両の予備の新品タイヤ、また、重機用の重油について在庫の計上がありませんね。期末で未使用分は在庫に計上すべきではないですか」と指摘されてしまいました。

失敗のポイント

建設業では、特定の工事のために工事用材料、現場消耗品を購入して現場へ直接搬入しますが、期末で使用されていない部分については棚卸資産として計上しなければなりません。

今回、未使用の工事用材料・現場消耗品等を支払時の損金として処理したことが失敗のポイントです。

正しい対応

期末において未使用の現場消耗品等はその年分の損金になりませんから、その金額は材料貯蔵品（棚卸資産）として処理する必要があります。

具体例で示すと下記のとおりとなります。

【例】

①工事現場用の鉄筋3,000万円を購入して、自社のヤードに保管した。

材料貯蔵品　／　現金　3,000万

②A工事に鉄筋2,500万円分を現場に搬入した。

未成工事支出金　／　材料貯蔵品　2,500万

③期末に500万円分の鉄筋が在庫として残った。

決算時の材料貯蔵品　500万

通常は、購入時に材料貯蔵品を通さず直接未成工事原価へ集計されることが多いかと思いますが、完成工事原価や未成工事原価として、直接現場で使用されず、期末で在庫として残っている材料貯蔵品については、期末の棚卸資産として計上します。

[ポイント解説]

建設業において、期末に棚卸をしなければならない資産は、次の資産です。

①未成工事支出金…　未成工事の工事原価。

②販売用不動産……　販売を目的とした不動産原価。不動産の建築費・購入費・開発費等。

③材料貯蔵品………　工事用材料及び機械部品、ガソリン、消耗品等で期末でまだ使用していないもの。

しかしながら、各事業年度ごとに一定数量を取得して、かつ、経常的に消費するものについては継続適用を条件として、購入した時の損金とすることができます。

(法人税基本通達2-2-15)

消耗品その他これに準ずる棚卸資産の取得に要した費用の額は、当該棚卸資産を消費した日の属する事業年度の損金の額に算入するのであるが、法人が事務用消耗品、作業用消耗品、包装材料、広告宣伝用印刷物、見本品その他これらに準ずる棚卸資産（各事業年度ごとにおおむね一定数量を取得し、かつ、経常的に消費するものに限る。）の取得に要した費用の額を継続してその取得をした日の属する事業年度の損金の額に算入している場合には、これを認める。

(注) この取扱いにより損金の額に算入する金額が製品の製造等のために要する費用としての性質を有する場合には、当該

金額は製造原価に算入するのであるから留意する。

▶税理士からのポイント

在庫管理についてはどの会社も決算時に頭を悩ませる要因の一つかと思います。今回の事例もそうですが、一度でも使用していれば、未使用在庫とはならなかったと考えられます。しかしながら、決算間際で搬入されたタイヤや資材等は、使用できずに決算を迎えてしまったということが大いに考えられます。日頃より現場監督者に在庫管理を徹底させることで、適正な納税予測・予算管理を行いましょう。

事例 07

共通間接費の未成工事支出金への配賦

当社は、建設業を営む法人です。今期の決算にあたり、まだ完成していない工事に係る材料費・労務費・外注費等、直接掛かった未成工事支出金を集計して申告しました。その後、税務調査があり、当社が計上した未成工事支出金に共通の間接原価の配賦がないことが問題になりました。

失敗のポイント

工事原価には、個別の工事に直接要した直接原価と、直接どの工事で発生したかを特定できない間接原価があります。未成工事支出金を算定する場合には直接原価はもちろんのこと、間接原価も一定の配賦基準によって配賦する必要があります。

事例の場合、未成工事支出金の算定にあたり、まだ完成していない工事に直接要した材料費・労務費・外注費等の直接原価のみを計上していたことが、今回の失敗のポイントです。

正しい対応

事例の場合、間接原価を一定の配賦基準によって完成工事原価と未成工事原価に配賦する必要があります。

間接原価の配賦

完成 or 未成	工事名	直接費 材料費	労務費	外注費	経費	直接費計	間接費配賦	合計
完成	A工事	100	80	50	10	240	18	258
	B工事	150	120	60	20	350	27	377
	C工事	200	160	80	30	470	36	506
未成	D工事	100	80	70	15	265	18	283
合計		550	440	260	75	1,325	100	1,425

（単位：万円）

上記によると未成工事であるD工事の直接原価265万円と間接原価配賦額18万円を合計した283万円が、決算における未成工事支出金の額となります。

[ポイント解説]

(1) 間接原価の種類

工事原価のうち、直接どの工事で発生したかを特定できない間接原価がありますが具体例としては次のようなものがあります。

・複数の工事を管理する現場担当者の人件費

・各工事に共通して発生する労務費

・直接原価を特定できない材料・消耗・仮設資材・減価償却費等

・複数の工事を管理する現場事務所の経費

(2) 配賦基準

間接原価を各工事に配賦する基準としては、下記の方法があります。

①価額基準（直接原価を基準とする方法）

②時間基準（直接作業時間を基準とする方法）

③数量基準（直接投入した数量を基準とする方法）

④売上基準（完成工事高を基準とする方法）

【価額基準による具体例】

（単位：万円）

完成 or 未成	工事名	直接費 材料費	労務費	外注費	経費	直接費計	間接費配賦	合計
完成	A工事	100	80	50	10	240	18	258
	B工事	150	120	60	20	350	27	377
	C工事	200	160	80	30	470	36	506
未成	D工事	100	80	70	15	265	18	283
合計		550	440	260	75	1,325	100	1,425

工事名	配賦額		間接費
A工事	18	← 100 × 240 ÷ 1,325	100
B工事	27	← 100 × 350 ÷ 1,325	
C工事	36	← 100 × 470 ÷ 1,325	
D工事	18	← 100 × 265 ÷ 1,325	
合計	100		

また、配賦基準についてはどの基準を採用するかを充分に検討し、決めた基準を継続して採用する必要があります。

▶税理士からのポイント

建設業会計において、共通（間接）原価は工事原価の10％前後のウェイトを占める会社が多くあるかと思います。例年よりも業績が良かった事業年度、受注が増えた事業年度については当然に間接費も増えることになります。間接費を含め原価配分は適正に行い、工事の予実管理を行うことで、適正な経営判断に繋げられる財務諸表の作成を行いましょう。

事例 08

役員報酬は定期同額給与

私は、建設業を営む会社の社長をしております。上半期の業績が予想以上に好調であったため、下期より従業員の給与をベースアップすることとしました。その際に、社長である私の給与につきましても、月額を増額し下期は増額後の額を毎月支給いたしました。

その後、税務調査が入り、税務調査官より「下期より増額した部分の役員報酬については、定期同額に該当しないので、経費にすることは認められません」という指摘を受けました。

法人税の所得計算上、損金算入が認められるためには、どのようにすればよかったのでしょうか？

失敗のポイント

法人がその役員に対して支給する給与のうち、法人税の所得計算上、損金の額に算入されるものは、法人税法でその範囲が限定されています。

事例のように、利益が出たことにより、その利益

を調整する目的で、毎期の所定の時期以外の時期に役員報酬の額を変更するような場合は、法人税法に規定する給与以外の給与となりますので、その増額した部分については損金算入が認められません。

正しい対応

事例の法人が支給する役員報酬については、定期同額給与の要件を満たす必要があります。

定期同額給与とは、原則として各支給時期における支給額が同額（毎月同額を支給している場合等）であるものをいいます。定期同額給与の額を変更する場合には、変更時期や変更理由に一定の制限があります。

具体的には、期首から３ヶ月以内にされる通常の改定の際の改定であるか、それ以外の改定については法人税法等に定める一定の事由（※）に該当する必要があります。

事例の場合には、改定理由が一定の事由に該当しないため、期首から３ヵ月以内の一定の時期での改定でなければ、その一部について損金算入が認められないということになります。

そのため、毎期の定時株主総会において、役員報酬の額を決定する際には、その後の変

更が難しいことを念頭において頂き、慎重な検討が必要です。

※一定の事由とは

役員の地位の変更や、職務内容の重大な変更があった場合等が該当します。

[ポイント解説]

平成19年4月1日以後に開始する事業年度において、法人が役員に対して支給する給与については、「定期同額給与」「事前確定届出給与」又は「利益連動給与」のいずれかに該当しなければ損金の額に算入されません。事例の会社もそうですが、多くの企業で「定期同額給与」により役員報酬を支払っているものと思いますので、「定期同額給与」について詳しく解説します。

「定期同額給与」の基本は、「毎月同じ金額を支払う」です。法人税法では「その支給時期が1ヶ月以下の一定の期間ごとである給与で、その事業年度の各支給時期における支給額が同額であるもの」も定期同額給与となります。

最後に、「やむを得ない事情があったのならば、金額が年度の途中で変わったとしても定期同額給与とみなしてもいいですよ」という規定もあります。やむを得ない事情の例としては、期首から3ヶ月以内の改定、職務内容や役職が変わったことによる改定、あるいは経営状況が著しく悪化したことによる減額改定（この場合は減額のみ認められます）、この3つです。いずれかに該当すれば金額変更があっても定期同額給与とみなされます。

●定期同額給与の図

①通常の改定のみの場合

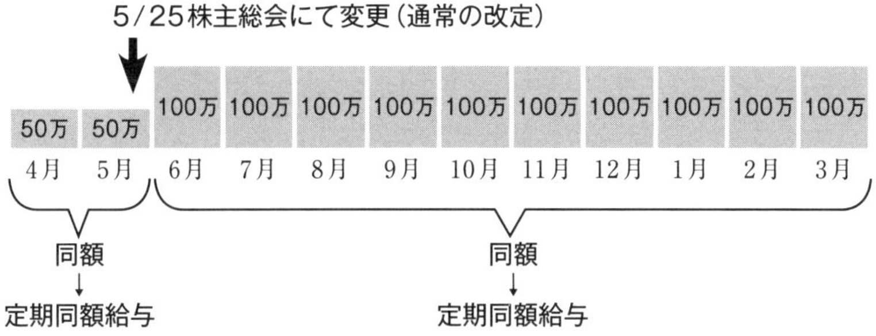

※不相応に高額な部分の金額がなければ、全額が損金に算入されます。

②臨時改定事由に当たらない改定がある場合

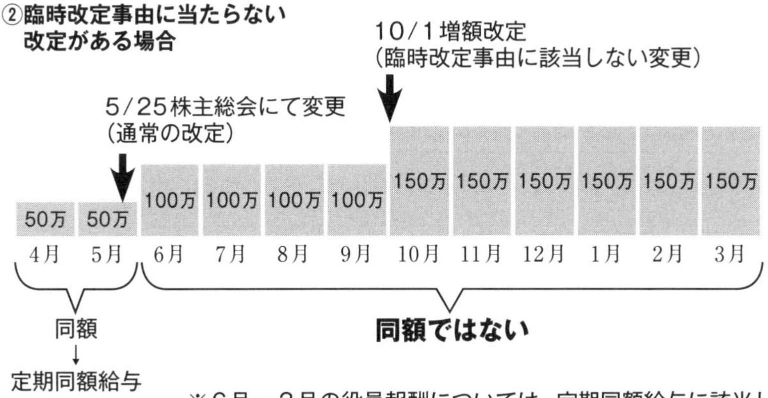

※6月～3月の役員報酬については、定期同額給与に該当していないため、10月からの増額部分である300万円（月50万円×6ヶ月）は法人の損金として認められません。

▶税理士からのポイント

役員給与については、日本全国の会社の中で99%を占めると言われる中小企業のほとんどが定期同額給与であることが求められております。ポイント解説でも挙げました、「やむを得ない事情」での役員給与の増減額は例外として認められますが、必ず議事録に改定事由とその期間を記載し、文書として残して置かなければなりません。税務調査間際に困らないよう、議事録の作成は必ずその都度行いましょう。

事例 09

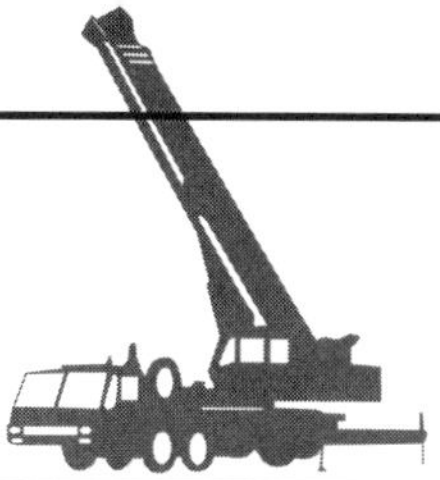

従業員への決算賞与

当社は、建設業を営む３月決算の法人ですが、今期（第５期）業績が好調であったこともあり、決算期末後の４月下旬に法人税の試算をしたところ、多額の納税が発生することがわかりました。そこで、従業員へ決算賞与という形で賞与を支給し、会社の利益を従業員へ還元することとしました。

３月末日付けで当該決算賞与の額面金額を未払金として会計処理し、５月３１日に従業員へ支給しました。

その後税務調査が入った時に、「この決算賞与については損金算入の要件を満たしていないため、損金算入が認められず、法人税の追徴税額が生じる」旨の指摘を受けてしまいました。

失敗のポイント

決算賞与は、業績好調だったときによく支払われるもので、節税対策の一環として行われることが多いようです。ただし、未払の決算賞与を損金とするには一定の要件を満たす必要がありますので注意が必要です。

今回の事例では2つの問題点があります。1点目は、決算賞与を支給することを事業年度の末日の後に決定しているところ。2点目は、賞与の支給日にあります。（詳しくは「正しい対応」と「ポイント解説」で述べます。）

未払の決算賞与を損金として処理するためには、一定の要件を満たすことが重要です。この要件を認識していなかったことが、今回の失敗のポイントです。

正しい対応

この事例では、今期（第５期）に未払の決算賞与を損金算入するには、まず、その事業年度末（第５期の３月末日）までに決算賞与を支給する旨、全従業員へ通知します。

その上で、第５期の決算で「決算賞与」を未払金として会計処理し、翌事業年度（第６期）の４月３０日までにその通知した金額を全従業員へ支給してください。

注意したいのは、事業年度末日までに通知

する必要があることです。事例の法人の場合には、事業年度の見通しや試算の時期を早めにする等の対応が必要でした。

ちなみにこの事例のように、期末までに通知もせず、事業年度末から１ヶ月以上たって決算賞与を支払った場合、支給をした５月31日を含む事業年度（第６期）の損金として処理することになります。

［ポイント解説］

未払の決算賞与をその期の損金に算入するには、3つの要件を満たさなければいけません。税法上は次のように規定されています。

次に掲げる要件のすべてを満たす賞与については、「使用人にその支給額を通知をした日の属する事業年度」の損金の額に算入します。

①その支給額を、各人別に、かつ、同時期に支給を受けるすべての使用人に対して通知をしていること。

注1: 法人が支給日に在職する使用人のみに賞与を支給することとしている場合のその支給額の通知は、ここでいう「通知」には該当しません。

注2: 法人が、その使用人に対する賞与の支給について、いわゆるパートタイマー又は臨時雇い等の身分で雇用している者（雇用関係が継続的なものであって、他の使用人と同様に賞与の

支給の対象としている者を除きます。）とその他の使用人を区分している場合には、その区分ごとに支給額の通知を行ったかどうかを判定することができます。

②①の通知をした金額を通知したすべての使用人に対しその通知した日の属する事業年度終了の日の翌日から１ヶ月以内に支払っていること。

③その支給額につき①の通知をした日の属する事業年度において損金経理をしていること。

つまり、

①期末までに、従業員ごとの支給額を明示して通知すること

②期末から１ヶ月以内に通知した金額を支払っていること

③決算処理で決算賞与の金額を損金経理していること

の3要件を満たしてはじめて、未払の決算賞与をその期の損金にすることができるのです。

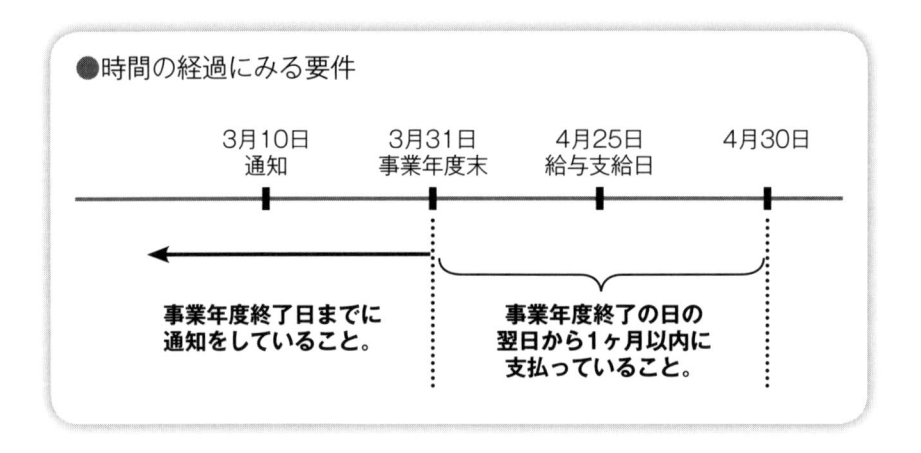

●時間の経過にみる要件

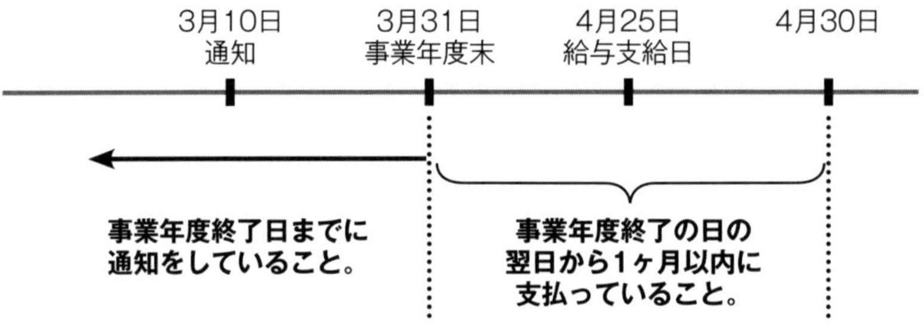

▶税理士からのポイント

決算賞与に関しては従業員の士気向上にも繋がり、決算での未払計上で利益圧縮にもつながることから、業績好調な会社であればいいことずくめのように考えられます。しかしながら、法人税法ではポイント解説にも記載したように様々な要件があり、その全てについてクリアする必要があります。実務上は、決算日までに従業員へ通知した際に、確認印をもらう等、調査の際に提示できる資料を作成しておくべきでしょう。

事例 **10**

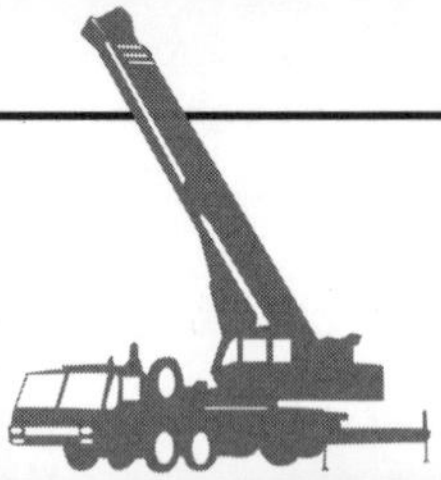

親会社に対する出向負担金

　当社は、建設業を営む法人です。今回、設立時から親会社より派遣されている従業員について、当社の役員としての給与負担分を出向負担金として親会社へ支払いました。当該役員についての出向負担金の内容は、毎月の給与分50万円と賞与を年２回それぞれ120万円となっております。

　給与負担金の額は、原則として、出向先の法人における使用人に対する給与として、損金の額に算入されるとの通達の規定に準じ、株主総会等の機関での採決なしに、出向負担金を支払い、同額を損金経理しました。

　しかし、税務調査にあたり、年２回の賞与240万円については事前確定届出が必要な旨の指摘を受け、損金不算入として否認を受けました。

失敗のポイント

確かに給与負担金の額は、原則として、出向先の法人における使用人に対する給与として、損金の額に算入されるとの規定が存在します。しかし、一定の条件下では損金経理要件を満たさないことがあります。

具体的には、①その役員に係る給与負担金の額について、その役員に対する給与として出向先の法人の株主総会、社員総会又はこれらに準ずるもの（以下「株主総会等」といいます。）の決議がされていること、及び②出向契約等においてその出向者に係る出向期間及び給与負担金の額があらかじめ定められていること、の2要件を満たさなければなりません。さらに賞与分については事前確定届出給与の規定の適用が必要でしたが、その手続きが行われませんでした。

正しい対応

出向元の親法人において従業員である者が、出向先の子法人で役員として職務に従事する場合には、出向先の法人の株主総会等の承認及び、社内規定の整備を予め行っておくことが必要になります。

[ポイント解説]

出向先での役員就任の是非が争点の一つとなります。仮に出向先の子会社において使用人の立場であれば、賞与相当額を出向負担金として支給した場合には全額損金の額に算入されます。しかし、同様に出向先の子会社において役員という待遇であれば、法人税法第34条《役員給与の損金不算入》の規定が適用されることになります。

この場合、出向元での親会社の従業員という立場の下で、支給される賞与に見合う金額を、出向負担金として出向先での子会社が支給する場合には、上記①及び②の要件を充足しなければ、損金不算入として処理をされることになります。

▶税理士からのポイント

●出向負担金における賞与分の取扱い

出向先での役職の区分	役員	使用人（従業員）
税務上の取り扱い	事前確定届出が無ければ役員賞与として損金不算入	損金経理可能

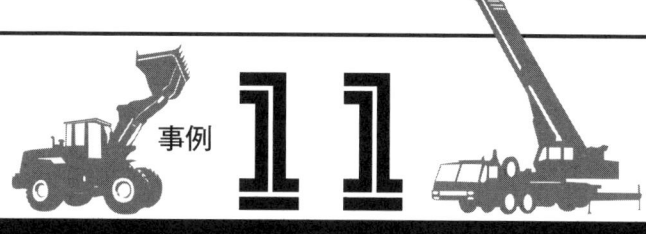

事例 11

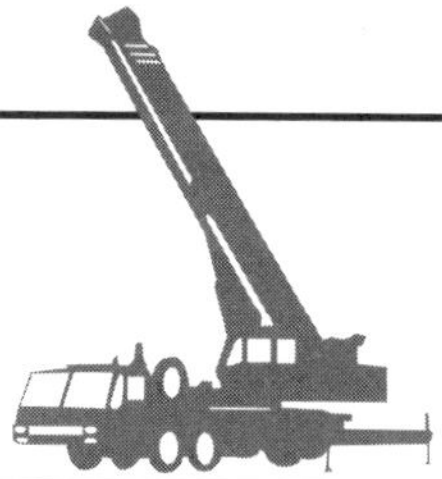

設備投資による節税対策〜資本的支出と修繕費

当社は、建設業を営む法人です。前期において、建設機械の定期メンテナンスを行い、主要な機械について全てオーバーホールをかけたところ、800万円の請求があり、業者へ支払を行いました。その際、修理の一環と認識していたことから全額を修繕費として、税務上損金経理処理を行いました。

ところが、今期に入り税務調査があり、800万円全額が修繕費とは認められず、一部については資産計上するように指摘を受けました。そのためこの指摘を踏まえ、修正申告を行うこととなりました。

失敗のポイント

修繕費は企業が保有する固定資産について通常の使用を可能とするために行われる支出額を意味します。税務的には固定資産の修理、改良等のために支出した金額のうち、その固定資産の通常の維持管理や原状回復のために要したと認められる部分の金額を意味します。

ここでポイントとなるのは①固定資産の使用可能期間を延長させるための支出であるか、②資産の価値を増加させる効果が認められる支出であるかどうかという点です。というのも、その修理、改良等が固定資産の使用可能期間を延長させ、又は価値を増加させるものである場合は、その延長及び増加させる部分に対応する金額は、修繕費とはならず、資本的支出と判断され資産計上が求められるからです。

本来、当初固定資産を購入した際よりも資産価値が物的・時間的に高まっている部分については新たな資産の取得であると考えられるため、両者を区別する必要があります。

正しい対応

今回の場合では定期メンテナンス費用のうち、部品の交換による通常の維持管理にあたる部分は修繕費として損金処理が認められますが、機能を向上させる部品への取り替え、より長く使える部品への交換についての支出額については資本的支出として資産計上をしなければなりません。

[ポイント解説]

修繕費になるかどうかの判定は修繕費、改良費などの名目によって判断するのではなく、その実質によって判定を行います。修繕費と資本的支出の区別は実は大変困難とされていますが、一定の基準によって分別することが可能です。まず、一つの修理や改良などの金額が20万円未満の場合又はおおむね3年以内の期間を周期として行われる修理、改良などである場合は、その支出した金額を修繕費とすることができます。次に、一つの修理、改良などの金額のうちに、修繕費であるか資本的支出であるかが明らかでない金額がある場合には、次の基準によりその区分を行うことができます。

①その支出した金額が60万円未満のとき又はその支出した金額がその固定資産の前事業年度終了の時における取得価額のおおむね10%相当額以下であるときは修繕費とすることができます。

②法人が継続してその支出した金額の30％相当額とその固定資産の前事業年度終了の時における取得価額の10％相当額とのいずれか少ない金額を修繕費とし、残額を資本的支出としているときは、その処理が認められます。

具体的には明らかに資本的支出に該当する場合を除いて一の資産について修理改良等の支出を行った金額が60万円以下であるか、前期末の資産の取得価額の10％以下であれば修繕費として処理が可能というものです。判断を行う際の重要なポイントとして考えられます。

また、固定資産の修理、改良等のために支出した金額のうち、その固定資産の維持管理や原状回復のために要したと認められる部分の金額は、修繕費として支出した時に損金算入が認められます。

この点でいえば、次のような支出は原則として修繕費にはならず資本的支出と判定されます。

①建物の避難階段の取り付けなど、物理的に付け加えた部分の金額

②用途変更のための模様替えなど、改造や改装に直接要した金額

③機械の部分品を特に品質や性能の高いものに取り替えた場合で、その取り替えの金額のうち通常の取り替えの金額を超える部分の金額

▶税理士からのポイント

定期的なメンテナンス費用であっても、内容によっては資産計上の必要な支出も存在します。そのため経費の計上については慎重に判断をする必要がありますので、多額の支出については特に注意をしましょう。

事例 **12**

下請業者に対する情報提供料

当社は、建設業を営む法人です。当社が日常より取引のある下請業者に対して、情報提供料の名目で、謝礼として200万円を支払い、当該金額を支払手数料で処理し、前期の税務申告時に損金処理を行いました。しかし税務調査時に当該金銭の支払いは交際費である旨指摘を受け、損金計上超過額分について損金不算入として追徴税額の対象とされました。

失敗のポイント

今回の失敗のポイントは謝礼金200万円の妥当性に関して、証明することのできる書類が整備されていなかったことがあげられます。日常より取引のある下請業者とのことですので、契約書を結び、多額になりがちな謝礼金の損金性について充分に検討する必要があります。

正しい対応

法人が取引に関する情報の提供又は取引の媒介、代理、あっせん等の役務の提供（以下において「情報提供等」という。）を行うことを業としていない者（当該取引に係る相手方の従業員等を除く。）に対して情報提供等の対価として金品を交付した場合であっても、その金品の交付について次の要件の全てを満たしている等その金品の交付が正当な対価の支払であると認められるときは、その交付に要した費用は交際費等に該当しないとの規定があります。

①その金品の交付があらかじめ締結された契約に基づくものであること。
②提供を受ける役務の内容が当該契約において具体的に明らかにされており、かつ、これに基づいて実際に役務の提供を受けていること。
③その交付した金品の価額がその提供を受けた役務の内容に照らし相当と認められること。

今回の場合では、単に謝礼として支払われているため、①の契約に基づくものではなく、②支払内容が不明瞭であり、実際に役務の提供を受けているとも考えにくく、さらに、③②の支払内容が明確でない以上、金額

の妥当性も認められないとの点から、交際費として扱われることになると考えられます。

この点、支払手数料として処理をし、交際費による損金算入限度超過額の制限を受けないようにするためには、①下請業者と一定の契約に基づき、②①の解約において実際に顧客の紹介を受け③紹介物件についての請負金額の数%とするなどの支給基準が明確にされている等の対策が必要です。

[ポイント解説]

交際費等とは、交際費、接待費、機密費その他の費用で、法人が、その得意先、仕入先その他事業に関係のある者等に対する接待、供応、慰安、贈答その他これらに類する行為（以下この項において「接待等」）のために支出するものをいいます。但し(1)寄附金、(2)値引き及び割戻し、(3)広告宣伝費、(4)福利厚生費、(5)給与等は交際費に含まれないとされています。顧客紹介により情報提供料として一定の金額を支払う建設業者は実際に多数存在するであろうと考えられます。但しマージンの支給となり、支給基準も曖昧なことが多く、金額も多額になることから、情報提供料としての要件を厳格に捉えています。この要件にしたがって下請業者へ情報提供料の支払いをする必要があると考えます。以下は、下請業者へ情報提供料を支払う際に交わしておく業務委託契約書のひな型になります。業務委託契約が発生した場合には、予め契約書の作成を準備しておくと安心です。

業務委託契約書（例）

委託者○○株式会社（以下、「甲」という）は、受託者××株式会社（以下、「乙」という）に対し、次の通り業務の委託をする。

第1条【委託業務】

委託業務は、○○とし、次の事項を含む。

(1) ○○建具の組立工事

(2) △△物件の塗装工事

(3) 請負工事の紹介

第2条【委託期間】

委託期間は、平成27年4月1日から平成28年3月31日までとする。ただし、委託期間の満了前2か月以内に甲乙のいずれからも異議がないときは、自動的に委託期間は2年間更新されるものとし、以後も同様とする。

第3条【委託料の支払い】

委託料は、月額金○○万円とし、甲は、乙に対し、翌月10日までに当月の委託料を支払うものとする。なお、第１条第３項における委託業務について、甲は請負工事１件につき、金△△万円を乙に対して別途支払うものとする。

第4条【秘密保持】

乙は本契約に関して知り得た情報を一切外部に漏洩してはならない。

第5条【報告義務】

乙は、甲の求めがあるときは、委託された業務についての情報を速やかに報告しなければならない。

第6条【契約解除】

当事者の一方が本契約の条項に違反したときは、当事者は何らの催告もせずに直ちに本契約を解除し、また被った損害の賠償を請求することができる。

第7条【合意管轄】

甲及び乙は、本契約上の紛争については、乙の住所地を管轄する地方裁判所を第一審の管轄裁判所とすることに同意する。

第8条【協議】

本契約に定めのない事項及び疑義が生じた事項については、甲乙誠実協議の上、決定するものとする。

以上、業務委託契約の成立を証するため本書2通を作成し、甲乙記名捺印の上、各1通を保有する。

平成27年3月1日

委託者（甲）

住所　東京都○○区○○

氏名　○○株式会社　代表取締役　辻　太郎　　　　　印

受託者（乙）

住所　東京都××区××

氏名　××株式会社　代表取締役　本郷　花子　　　　印

▶税理士からのポイント

日頃から取引があるため、かえって下請業者との契約書の作成等については、おろそかになりがちです。新たな契約を締結した際には契約書を作成し、内容について明らかにしておきましょう。

事例 13

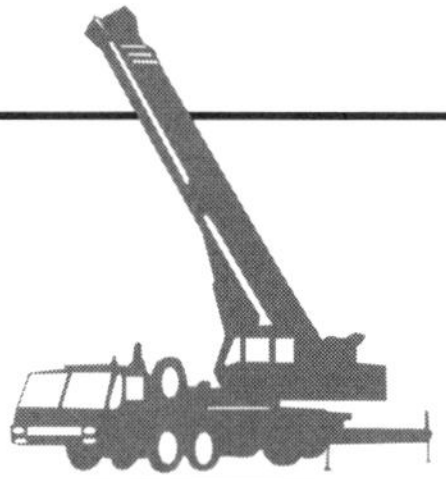

談合金や地元住民への対策費用

当社は、建設業を営む法人です。当社が入札に当たり便宜を図ってもらう目的で、日常より取引のある下請業者に対して支払手数料として200万円を支払い、当該支払額で処理を行っておりました。また同様に工事を行うに当たって騒音の発生や車両通行の阻害などについて地元住民への対策費用を1,000万円支払い、こちらも同様に当該支払額を支払手数料で処理しておりました。どちらの支払手数料についても前期の税務申告時に損金処理を行っております。ところが、税務調査時において当該金額は交際費に該当し、損金算入限度超過額は損金不算入として取り扱う旨の指摘を受けました。

失敗のポイント

法人税法上、経費についての損金性は充分に確認を取る必要があります。端的に、必要経費であると納税者側が主張したとしても、第三者側に必要経費と認められるよう書類は万全にすべきです。今回の事例では会社が交際費としての認識をしていなかったことに問題があります。多額の支出がある際は事前に税理士等へ相談しましょう。

正しい対応

談合金や地元住民への対策費用については、租税特別措置法関係通達第61条の4交際費等に含まれる費用の例示において、(7) 建設業者等が高層ビル、マンション等の建設に当たり、周辺の住民の同意を得るために、当該住民又はその関係者を旅行、観劇等に招待し、又はこれらの者に酒食を提供した場合におけるこれらの行為のために要した費用　(注) 周辺の住民が受ける日照妨害、風害、電波障害等による損害を補償するために当該住民に交付する金品は、交際費等に該当しない、(10) 建設業者等が工事の入札等に際して支出するいわゆる談合金その他これに類する費用については原則として交際

費として処理する旨を規定しています。そのため今回の費用の支払額は交際費に該当することになります。結果として損金算入限度超過額は損金不算入として課税対象に含み税務申告をしなければなりませんでした。

[ポイント解説]

交際費等とは、交際費、接待費、機密費その他の費用で、法人が、その得意先、仕入先その他事業に関係のある者等に対する接待、供応、慰安、贈答その他これらに類する行為のために支出するものをいいます。但し(1)寄附金、(2)値引き及び割戻し、(3)広告宣伝費、(4)福利厚生費、(5)給与等は交際費に含まれないとされています。通達の中で、談合費及び総会対策等のために支出する費用は交際費に含まれると明示されています。この点、談合費が入札等に際して支払う交際費に含まれるかは地元住民への対策費用の支払が損害を補償する性格に合致するかどうかが焦点となると考えられます。つまり、一般に言う①帰責原因の存在②損害の発生③帰責原因と損害との間に相当因果関係が存在し、損害補償としての性格があれば交際費には該当しないこととなるでしょうが、工事の引き延ばしを単に回避する目的で「供応」を図る意図でなされる場合には交際費として取り扱われることになります。

交際費に含まれないもの

・福利厚生費

専ら従業員の慰安のために行われる運動会、演芸会、旅行などのために通常要する費用

・飲食費等

飲食その他これに類する行為のために要する費用で参加者1人当たり5,000円以下の費用

・少額広告宣伝費

カレンダー、手帳、手ぬぐいなどを贈与するために通常要する費用や不特定多数の者に対する宣伝的効果を意図した費用

・会議費

会議に関連して、茶菓、弁当、その他これらに類する飲食物を供与するために通常要する費用

▶税理士からのポイント

必要経費であるとの認識であったとしても、書類の不備等により、損金性が認められない可能性があります。日頃から書類の記載に注意し、内容を明らかにしておくように努めましょう。

事例 14

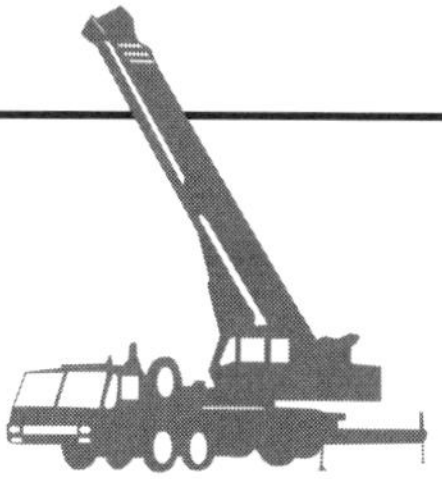

従業員とお客様との合同の慰安旅行

当社は、アパート建築や建売住宅の販売をしている建設業者です。毎年、直近１年間に建物等を建築していただいたお客様を、当社の従業員との慰安旅行に招待しています。経理は、必要経費と考えその費用全額を「旅費交通費」で処理していました。

税務調査において、従業員とお客様との合同の慰安旅行の費用の全額を「旅費交通費」として処理することは認められないと指摘を受けました。どのように処理すべきでしょうか？

失敗のポイント

従業員とお客様との合同の慰安旅行であり、お客様にかかる費用は接待目的で支出するものであるため交際費になります。交際費はその会社の資本金額により、その支出金額の全部、または、一部が費用（損金）にはなりません。

また、従業員の慰安旅行であっても、全従業員の2分の１以上の参加であるなど、一定の要件を満たしていない場合には、福利厚生費とはなりません。この場合にはその参加した人への現物給与として源泉所得税が課されます。

正しい対応

お客様にかかる費用は、その費用の額を合理的に按分して接待目的のための交際費等として計上します。また従業員に係る費用は、全社員の2分の１以上の参加があり、かつ、４泊５日以内などの一定の要件を満たしている場合には、福利厚生費として費用計上（損金算入）することができます。

[ポイント解説]

交際費等とは？

①交際費、接待費、機密費その他の費用とされており、接待・供応・慰安・贈答、その他これらに類する行為のために支出するもの（寄附金、値引割戻し・広告宣伝費などの一定のものに該当するものを除く）。

②その支出の目的の対象者は、その法人の得意先、仕入先、その他事業に関係のある者等すべての相手が対象となります。

交際費の損金算入限度額

交際費は、事業遂行上必要なため、その費用性は認められていますが、無制限にその支出を認めることは資本力のある大法人に有利であるため、法人税法上、一定の制限（損金不算入）が設けられています。

従業員にかかる慰安旅行費について、福利厚生費として費用計上（損金算入）できる要件は、まず次の要件を満たす必要があります。

①旅行に参加した人数が全体の50％以上であること（事業所ごとに慰安旅行を行う場合には、その事業所ごとにその人数を判定する）。

②旅行期間が４泊５日（現地での宿泊数）以内であること。

③社会通念上、一般的に行われている範囲内であり、おおむね法人負担の金額が10万円程度のもの。

上記の要件を満たしていない場合には、その参加した人への現物給与として源泉徴収所得税が課されます。

その人がその法人の役員の場合には、役員賞与として損金不算入になります。

▶税理士からのポイント

従業員とお客様との合同の慰安旅行については、その費用の額につき、お客様にかかる部分の金額と、従業員にかかる部分の金額とに合理的に按分して、前述の要件を満たすように日程を組んで、本来の福利厚生の目的を達成することが大切です。

事例 15

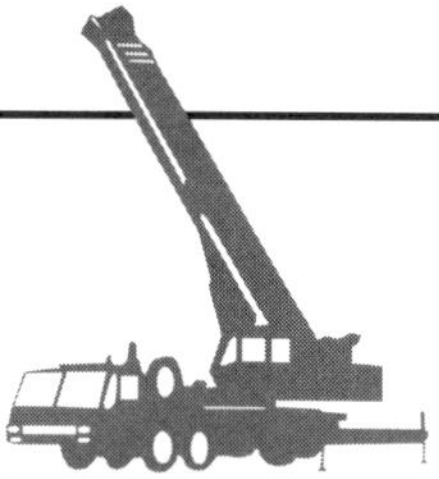

海外技術を視察するための国外出張費

　当社はトンネル工事を得意とする土木工事業者です。今回、海外の建設工事現場とトンネル掘削機の製造業者を視察するために、社員を海外に出張させました。日程の都合上、一部観光を行いましたが、交通費および宿泊費を「旅費交通費」として処理しました。

　今回の税務調査において、観光部分について経費の否認がありました。

失敗のポイント

　海外技術の視察のために必要な費用については、旅費交通費として費用に計上されますが、一部観光に関するものについては、その社員への現物給与となります。この場合において源泉徴収所得税が課されます。

　その社員がその法人の役員である場合には、役員賞与として、損金不算入になります。

正しい対応

海外出張と併せて観光してくること自体は決して悪いことではありません。禁止されてもいません。

しかし、海外出張の合間の一部観光は、その社員の個人的な部分への支出であり、法人がその費用を負担した場合には、その社員に対する現物給与になります。

[ポイント解説]

海外渡航費の取扱い

その海外渡航がその法人の業務の遂行上必要なものであり、かつ、支給する海外渡航費が通常必要であると認められる金額の範囲内であれば、旅費として損金の額に算入することができ、それ以外はその観光をした社員への現物給与として取り扱われます。

なお、業務遂行上必要と認められる旅行と認められない旅行（観光旅行等）とを併せて行った場合、原則として、海外渡航に要した旅費をそれぞれの期間の比等で按分して旅費部分と現物給与となる部分を計算します。

ただし、海外渡航の直接の動機が業務遂行のためのものである場合には、その往復の旅費は按分する必要はなく旅費として処理することができます。

▶**税理士からのポイント**

海外渡航が業務遂行上必要であることや旅費の額が通常必要と認められる範囲内であることを説明できるように、出張報告書や海外出張旅費規定などの書類を整備して、保存しておくようにしましょう。

また、海外出張の合間の一部観光などの支出部分に関しては、公私を区別していることを説明できるようにしておくことが大切です。

事例 16

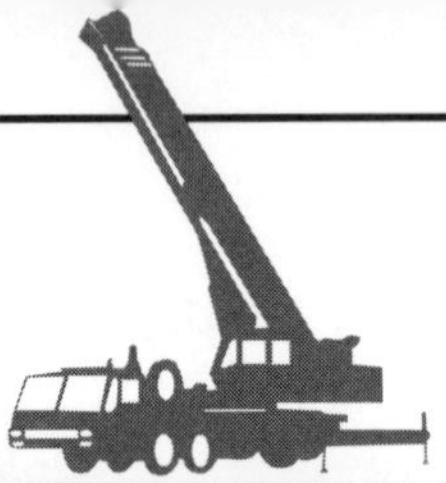

リゾート会員権や保養所

当社は総合建設業を営んでいます。日頃の社員の労をねぎらい、福利厚生の目的で保養所を購入し、役員を含めた全社員が利用できるようにしました。また、あわせてリゾート会員権も取得しました。

ところが、実際の使用状況は、社員に保養所購入とリゾート会員加入の連絡と利用方法の周知はしたものの、工事の関係で社員は利用せず、専ら社長やその親族が正月や夏休みに利用しています。夏休み等は、社員の申し込みもあるのですが、社長親族が利用していることから、申込みを断わざるをえません。

今回、税務調査があり、保養所の維持費用とリゾート施設の年会費は、社長に対する役員賞与とすると指摘を受けました。どうすればよかったのでしょうか？

失敗のポイント

福利厚生の意味を理解していません。福利厚生目的ならば、社長親族のみだけでなく、全従業員が平等に利用できるようにしなければ、福利厚生費として認められません。

正しい対応

この場合、結果として、社長親族のみの使用となっていますが、全社員が平等に利用できるようにし、社内規定を整備して、施設等の利用管理ノート等を作成して、全社員に周知することをお勧めします。そうすれば、福利厚生費として認められます。

[ポイント解説]

リゾート施設などレジャークラブの入会金は、資産計上または給与として取り扱います。原則として資産計上した入会金は償却することができません。ただし、会員としての有効期間が定められており、脱退時に入会金相当額の返還があらかじめ約束されていない場合には有効期間での償却が可能です。

　また、特定の人しか利用できないなど、その個人が負担すべき場合はその人への現物給与として、源泉所得税が課されます。さらに、その特定の人がその法人の役員に限定される場合は、定期同額給与に該当しないものとして、役員賞与となり、法人の費用(損金)にはなりません。

　リゾート会員権などレジャークラブの年会費については、用途に応じて福利厚生費、給与等、交際費のいずれかで取り扱います。全社員が一律平等に利用できる状況にあれば、福利厚生費として費用計上できます。この場合においても、その施設の利用方法を定めた利用規定を作成し、全社員に周知し、利用状況を記載したノートを作成するなどの管理体制を整えておくことが必要です。

　特定の人しか利用できない場合には、その人への現物給与として取り扱い、源泉所得税が課されます。

　得意先等の接待に利用している場合には、事業遂行上必要なための交際費として費用計上できますが、無制限にその支出を認めることは資本力のある大法人に有利であるため、法人税法上、その法人の資本金額により、その全部、または、一部に一定の制限(損金算入限度額)計算をして、損金算入限度超過額がある場合には、その超過額については損金にはなりません。

▶税理士からのポイント

　会社の福利厚生は、社長の親族のみが利益を得るのではなく、社員全員が平等にその機会を与えられ、利用ができ、かつ、後から見てその利用状況が客観的に検証できる状態にしておくことが必要です。

事例 17

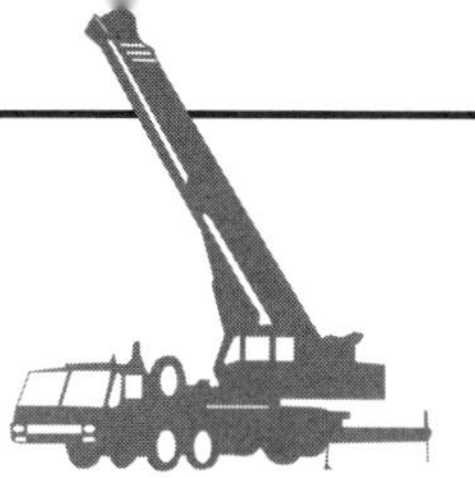

工事現場の近隣にある神社の祭礼に対する寄附金

建設業である当社は、現在工事中の現場の近隣にある神社の祭礼に、近隣対策費として10万円の寄附を行いました。経理処理としては、工事原価の中の「雑費」としました。

税務調査において、対価性がないので「寄附金」として処理することを求められました。

失敗のポイント

神社の祭礼に対する寄附金を建設工事の工事原価の一部として雑費処理したのが失敗のポイントです。神社の祭礼に対する寄附金は一般の寄附金として一定の制限（損金算入限度額）計算が必要となるため雑費として全額を無制限に損金算入することはできません。

正しい対応

神社の祭礼に対する寄附金は一般の寄附金として一定の制限（損金算入限度額）計算をして、損金算入限度超過額がある場合には、その超過額については損金にはなりません。

[ポイント解説]

寄附金とは、金銭、物品その他経済的利益の贈与又は無償の供与をいいます。一般的に寄附金、拠出金、見舞金などと呼ばれるものは、寄附金に含まれます。

ただし、これらの名義の支出であっても交際費等、広告宣伝費、福利厚生費などとされるものは寄附金から除かれます。

したがって金銭や物品などを贈与した場合には、それが寄附金になるのかそれとも交際費等になるのかは個々の実態を検討した上で判定する必要があります。

ただし、次のような事業に直接関係のない者に対する金銭贈与は、原則として寄附金になります。

①社会事業団体、政治団体に対する拠金

②神社の祭礼等の寄贈金

寄附金の損金算入

①国や地方公共団体への寄附金と指定寄附金はその全額が損金算入になります。

②①以外の一般の寄附金は一定の限度額までが損金に算入できます。

③一般の寄附金の損金算入限度額

損金算入限度額＝（資本金等の額×当期の月数/12＋所得の金額×2.5/1,000）×　1/4

※所得の金額は、支出した寄附金を損金に算入しないものとして計算します。

▶税理士からのポイント

法人が寄附金を支出した場合には、一定の制限（損金算入限度額）計算が必要となり、損金算入限度超過額については、損金の額には算入されません。

事例 **18**

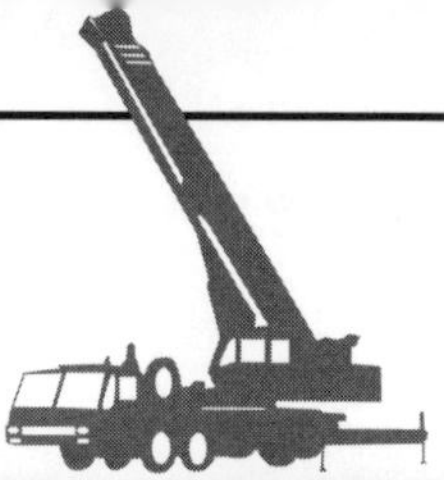

現場事務所の自販機収入や鉄くずの売却代金を会社の収入にしなかった

弊社は、土木工事業を営んでいる法人です。弊社は工事の現場によって自販機を設置しています。今まで、各現場で発生した自販機の収入や工事現場で発生した鉄くずの売却収入については会社の収入とせず、現場監督の管理のもと現場作業終了時の慰労として飲食費用に使用することを認めていました。

その後、税務調査があり調査官から「自販機収入は会社の収入となります」と言われました。

失敗のポイント

自販機収入や廃材等の処分代金は益金に計上、飲食費等に使用した支出は費用として計上すべきか検討する必要があります。また、現金がどのように管理されていたかについても検討が必要です。

会社では、福利厚生に使用する目的としての支出と考え、現場監督に管理させた収入および支出を計上していなかったことが失敗のポイントです。

この事例では、収入については益金に計上すべきです。また、支出費用が福利厚生費として認められるには、飲食関連費用の証拠書類の内容について検討する必要があります。現場での必要な飲食費等で支払ったとしても、参加人数や金額等によっては福利厚生費ではなく給与課税となり源泉徴収の対象となるでしょう。

正しい対応

今回の場合には、現場監督に管理を一任するのではなく会社として収入および費用についての証拠書類を明らかにし、経理処理をする必要があります。現場監督の管理状況を確認した上で、自販機収入や鉄くずの収入は益金に計上し、飲食費等に使用した支出を費用として計上する必要があります。

支出費用については、現金残高の管理状況および支出費用の内容を検討した結果、福利

厚生費に該当するかの判断が必要となります。

[ポイント解説]

税法上は福利厚生費の明確な定義はありませんが、一般的には「会社がその従業員の生活の向上と労働環境の改善のために支出する費用のうち、給与・交際費及び資産の取得価額以外のもので、従業員の福利厚生のため、全ての従業員に公平であり社会通念上妥当な金額までの費用」とされています。

福利厚生費が給与や交際費と見なされないために「支出の目的・支出の金額・一定の基準・支出対象者」等を明確にする必要があります。

（給与と福利厚生費）

所得税法上においては、福利厚生費として処理されている費用でも、給与所得となる場合もあります。特に金銭以外のものや権利その他の経済的利益などの現物給与に該当するケースもあり、源泉徴収の対象となる場合があります。

（非課税とされる現物給与の一例）

①通勤手当

②残業、宿・日直の食事代

③深夜勤務者に対する食事代（1回300円以下）

④1回3,400円以下の宿・日直料

⑤食事代（食事の価額の50％以上を所得者本人から徴収し月額3,500円を超えないこと）

▶税理士からのポイント

会計においては、建設業であるか否かにかかわらず総額主義での記帳が求められます。本事例では、相殺処理されていたことも問題の一つとして挙げられますが、会社の管理上、現場に一任といったことも問題であることが指摘できます。

事例 19

入院給付金や入院一時金の処理

弊社は、建設業を営んでいる法人です。福利厚生の一環として、役員や従業員が病気などにかかった場合の掛捨保険に加入し、損金にて処理しています。この度、役員が病気で２週間の入院となり、保険会社より入院給付金が30万円入金となりました。入院給付金を預り金で処理し、役員に同額30万円を支給しました。

その後、税務調査があり、「入院給付金は益金に計上し、役員に支給した金額は賞与となり源泉所得税の対象となります」と言われました。

失敗のポイント

会社で加入する掛捨保険の損金処理は問題ないのですが、社員が入院等（病気・労災）をした場合に受け取る入院給付金等を会社から支出する場合には、見舞金規定等にて明確な基準を定めることが重要となります。

入院給付金が入金され同額を保険対象者に支給してもよいと判断し、収入および支出金額を預り金にて処理したことが失敗のポイントです。

見舞金の支給として認められるためには、役員や従業員が病気などにかかった場合の社内規定（見舞金規定）を作成して、基準に基づいて支給することが重要となります。法人税法上、福利厚生費としての見舞金が損金に算入されるか否かは、見舞金規定等が無い場合でも、社会通念上相当であるか否かにより判断されています。

この事例では、入院給付金は益金に計上し、支出した金額は給与課税の対象となり源泉徴収が必要となるでしょう。

正しい対応

今回の場合には、入院給付金を預り金処理ではなく益金に計上すべきです。また役員・従業員に支給した金額については、給与（賞与）・福利厚生費・交際費等のどの科目に該当するかの検討も必要となります。

見舞金等としての支給の場合、社会通念上相当と認められる金額について法人税等に特に規定はありません。検討の結果、入院給付金の入金額は益金に計上し、社内規定がなくても社会通念上超えての支給となり、給与（賞与）に該当し源泉所得税の対象となるでしょう。

[ポイント解説]

法人税法上、見舞金等としての支給額について、社会通念上相当と認められる金額の規定は特にありません。

法人がその役員や使用人の慶弔、禍福に際し一定の基準にしたがって支給する金品に要する費用は、福利厚生費として取り扱われることとされ、役員に対する病気見舞金も、その金額が社会通念上相当なものであれば福利厚生費として損金経理できるものと解されています。

▶税理士からのポイント

会社が支給した見舞金が、社会通念上相当と認められる金額は福利厚生費として損金の額に算入されます。参考に国税不服審判所において、役員に対する見舞金について5万円が相当であるとの裁決例はあります。会社が保険金を受領してこれを益金に算入することと、病気をした役員・従業員に対する見舞金を支給して損金処理することとは別の取り扱いとなります。

事例 20

決算対策としての子会社整理損

弊社は、総合工事業を営んでいる法人です。大型工事の受注契約もあり業績は好調です。この度、グループ内の事業環境や業績等を勘案した結果、まだ債務超過になる前ではあるが、子会社に対しての貸付金を債権放棄し整理することとしました。子会社に対する整理にあたり、子会社整理損を計上しました。

その後、税務調査において「損失負担等をした相当の理由が認められないとの判断から寄附金となる」と言われました。

失敗のポイント

親子会社といえどもそれぞれ別個の法人なので、子会社整理損が認められるためには、子会社の整理にやむをえずその損失負担等をするに相当の理由があると認められる必要があります。

債務超過の状態にない子会社に対しての債権放棄が、子会社の損失負担を行うに相当な理由および損失負担額の合理的算定の根拠が不足していたことが失敗のポイントです。

子会社が経営危機に瀕して解散等をした場合でも、親会社としてはその出資額が回収できないにとどまり、それ以上に新たな損失負担をする必要がないという考え方があります。この事例では、子会社の整理にあたり、実質債務超過ではなく、子会社の整理により今後蒙るであろう大きな損失を回避することができるとは判断できないことから、子会社整理損として処理することはできないでしょう。

正しい対応

今回の場合には、損失負担（支援）額が合理的に算定されているか、支援がなければ整理できないかを検討してみる必要があります。

①損失負担額が、子会社を整理するため又は経営危機を回避し再建するための必要最低限の金額であるか。

②子会社等の財務内容、営業状況の見通し等及び自助努力を加味したものとなっているか。

検討の結果、子会社が経営危機に陥っていたか、損失負担等の合理性の判断についての根拠についての検討不足により寄附金となる可能性が高いでしょう。

[ポイント解説]

法人税法は、寄附金そのものについての直接的な規定をおかず、寄附金の額についての規定をおくことにより、寄附金を間接的に定義付けています。

子会社を整理する場合の損失負担等については、法人がその子会社等の解散、経営権の譲渡に伴い、当該子会社等のために債務の引受けその他の損失負担又は債権放棄等をした場合において、その損失負担等をしなければ今後より大きな損失を蒙ることになることが社会通念上明らかに認められるかどうかの検討が必要となります。

(経済合理性を有しているか)

①損失負担等を受ける者は「子会社等」に該当するか。

②子会社等は経営危機に陥っているか(倒産の危機にあるか)。

③損失負担等を行うことは相当か(支援者にとって相当な理由はあるか)。

④損失負担等の額(支援額)は合理的であるか(過剰支援になっていないか)。

⑤整理・再建管理はなされているか(その後の子会社等の立ち直り状況に応じて支援額を見直すこととされているか)。

⑥損失負担等をする支援者の範囲は相当であるか(特定の債権者等が意図的に加わっていないなどの恣意性がないか)。

⑦損失負担等の額は合理的であるか(特定の債権者だけが不当に負担を重くし又は免れていないか)。

事例 21

決算対策としての不良債権の貸倒れ

弊社は、建築業を営んでいる法人です。住宅建築の受注が順調で業績も好調です。この度、2年前に建築した個人Ａに対する売掛金30万円について、回収の可能性が低いと判断し、決算書上、貸倒損失として処理しました。

個人Ａに新築の住宅を引渡し後50万円の売掛金が残り、毎月少しずつ入金してくれましたが、前期決算月より全く入金がない状態となりました。連絡しても「値引きしてくれ」とのことで入金の意思がないものと判断し、備忘価格1円を残して貸倒れ処理しました。

その後、税務調査において「貸倒損失299,999円については、継続的な取引を行っていた債務者とは言えず、損金に算入することは認められません」と言われました。

失敗のポイント

貸倒損失として認められるためには、法人税法上の一定の要件を満たす必要があります。

売掛金の最後の返済以後１年以上を経過しているのですが、継続的な取引かどうかを検討せずに貸倒損失を計上したことが失敗のポイントです。

この事例では、継続取引における貸倒損失に該当しないことから、法人税法上の要件を満たさないため、貸倒損失として処理することはできないでしょう。

正しい対応

今回の場合には、法律上の貸倒れや形式上の貸倒れの要件に該当していないため、事実上の貸倒れに該当していないかについて検討してみる必要があります。事実上の貸倒れは、その債務者の資産状況、支払能力等からみてその全額が回収できないことが明らかになった場合に計上することが認められています。個人の方の資産状況の把握は、困難を要する可能性が大と思われます。内容証明郵便等において支払いを請求すること、債権放棄も視野に入れての貸倒れ処理の検討が必要となるでしょう。

[ポイント解説]

貸倒損失の計上は法人税法上、法律上の貸倒れ、事実上の貸倒れ、形式上の貸倒れについて規定されています。

(1) 法律上の貸倒れ

次に掲げるような事実に基づいて切り捨てられる金額は、その事実が生じた事業年度損金の額に算入されます。

①会社更生法、金融機関等の更正手続きの特例等に関する法律、会社法、民事再生法の規定により切り捨てられる金額

②法令の規定により整理手続きによらない債権者集会の協議決定及び行政機関や金融機関などのあっせんによる協議で合理的な基準によって切り捨てられる金額

③債務者の債務超過の状態が相当期間継続し、その金銭債権の弁済を受けることが出来ない場合に、その債務者に対して、書面で明らかにした債務免除額

(2) 事実上の貸倒れ

債務者の資産状況、支払能力等からその全額が回収できないことが明らかになった場合は、その明らかになった事業年度において貸倒れとして損金処理ができます。ただし担保物があるときは、その担保物を処分した後でなければ損金経理はできません。

なお、保証債務は現実に履行した後でなければ貸倒れの対象とすることはできません。

(3) 形式上の貸倒れ

次に掲げる事実が発生した場合には、その債務者に対する売掛債権について、その売掛債権の額から備忘価額を控除した残額を貸倒れとして損金処理をすることができます。

①継続的な取引を行っていた債務者の資産状況、支払能力等が悪化したため、その債務者との取引を停止した場合において、その取引停止の時と最後の返済の時などのうち最も遅い時から1年以上経過したとき。ただし、その売掛債権について担保物のある場合は除きます。

②同一地域の債務者に対する売掛債権の総額が取立費用より少なく、支払を督促しても弁済がない場合。

事例

22

グループ内での資産譲渡取引

私は、建築会社を経営するＡ社のオーナー（Ａ社には100％出資）を務めているＸと申します。

Ａ社は今期、業績好調によりかなりの利益が見込まれます。そこで、Ａ社が所有する含み損が生じている土地（簿価3,000万円）を、私の弟が100％出資しているＢ社（内装塗装会社）に2,500万円で売却することにしました。これでＡ社の利益を500万円減らすことができ、売却代金の2,500万円も入るため、完璧な節税ができたと思っておりました。

決算を迎え、顧問税理士に土地売却の旨を報告したところ、「現在は、グループ内の資産の移転に伴う譲渡損益は、法人税法上繰り延べになります。そのため、Ａ社に計上されている固定資産売却損500万円は、損金に算入することができません」と指摘されました。

Ａ社とＢ社との間には、資本関係が無く、グループ法人になるなんて思っていませんでした。

失敗のポイント

平成22年の税制改正により新設されたグループ法人税制において「100％グループ法人」とは、直接資本関係のある法人同士にとどまらず、同じオーナーが100％出資する2つの法人や判定対象となる個人の親族等にあたる個人が所有する法人間においても認められます。したがって、Xさんが100％出資するA社と、Xさんの弟が100％出資するB社との間の取引は、100％グループ法人の取引ということになります。

また、平成22年の税制が改正される前は、グループ内の資産の譲渡があった場合には、譲渡損益を計上することになっていました。しかし、本事例の場合、グループ法人税制において譲渡損は、譲渡損益調整資産に該当するため、会計上は、譲渡損益が認識されますが、法人税法上は繰り延べられることとなります。（法人税の計算上、譲渡損の金額を益金算入することにより、譲渡損が繰り延べられます。）

グループ法人税制は、中小企業には関係の無い話とタカをくくっている経営者もいらっしゃいますが、法人の規模にかかわらず適用されます。

今回の失敗のポイントは、グループ法人税制そのものに対する知識不足が原因といえます。

正しい対応

100％支配グループ法人間における建物等の「譲渡損益調整資産」を譲渡した場合の譲渡損益は、法人税法上、繰り延べられます。

繰り延べられた譲渡損益は、グループ外への譲渡、償却、評価替え、貸倒れ、除却等によって計上されることとなります。

［ポイント解説］

(1) 完全支配関係

「完全支配関係」とは、①一の者が法人の発行済株式等の全部を直接若しくは間接に保有関係、②一の者との間に当事者間の完全支配関係がある法人相互の関係をいいます。(法法2十二の七の六、法令4の2②)

「完全支配関係」のあるグループ法人の例は、図のとおりとなります。

●完全支配関係のあるグループ法人の例

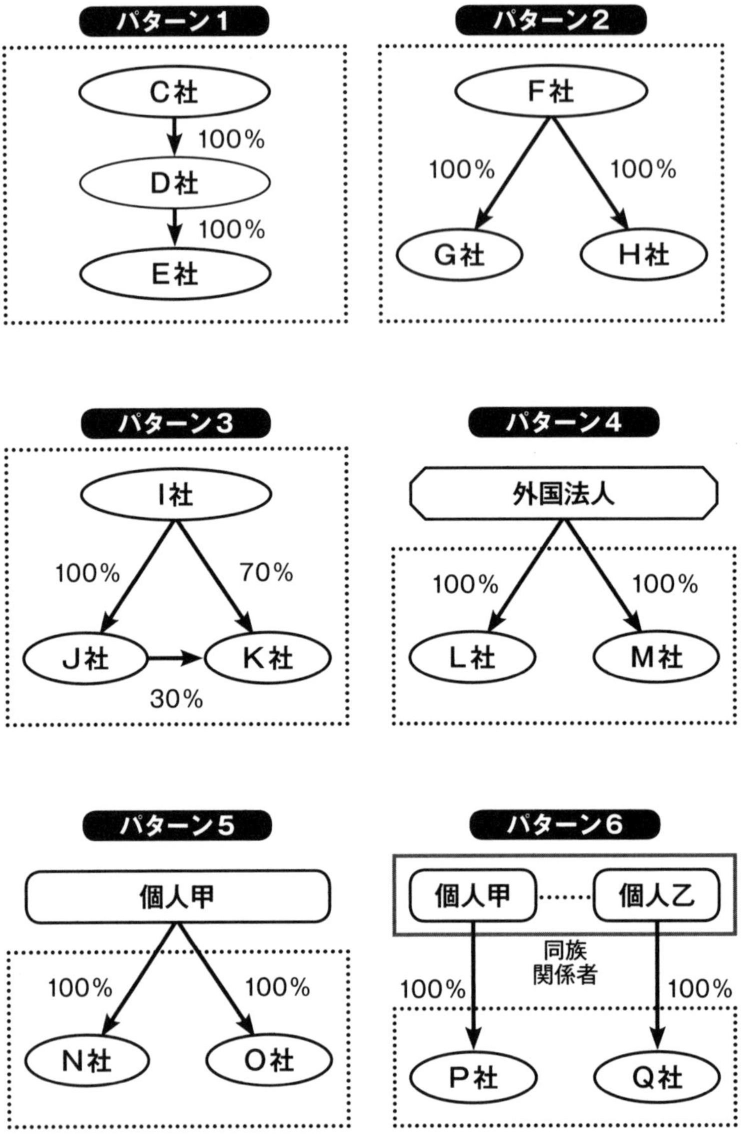

(2)「一の者」が個人である場合

グループ法人の範囲として「一の者」による「完全支配関係」の場合で「一の者」が個人のとき、その範囲は、その者及びその特殊の関係のある個人が含まれます（法令4の2②）。この場合の「特殊の関係のある個人」は、下記のとおりとなります。

【特殊の関係のある個人】
①株主の親族（6親等内の血族、配偶者、3親等内の姻族）
②株主との事実上も婚姻関係の事情にある者
③個人である株主の使用人
④個人株主から受ける金銭等により生計を維持している者
⑤①～④の者と生計を一にするこれらの親族

(3) 譲渡損益調整資産の範囲

譲渡損益調整資産とは、次に掲げる資産のうち、その譲渡資産の譲渡直前の帳簿価額（税法上の帳簿価額）が1,000万円以上であるものをいいます。

①固定資産
②棚卸資産に該当する土地（土地の上に存する権利を含む）
③有価証券（売買目的有価証券を除く）
④金銭債権
⑤繰延資産

▶税理士からのポイント

グループ法人税制については、平成22年10月1日から全面適用が開始されておりますが、なかなか馴染みの無い方も多いのではないでしょうか。本事例においては触れておりませんが、平成23年3月決算法人からグループ法人税制の適用される法人においては、グループ内法人を一覧化する出資関係図の提出が申告時に必要となっております。土地の売買や有価証券の売買等、本事例のように含み損を実現する場合等は特に注意が必要となりますので、事前に顧問税理士へ相談し売買の検討をすることをお勧めします。

事例

23

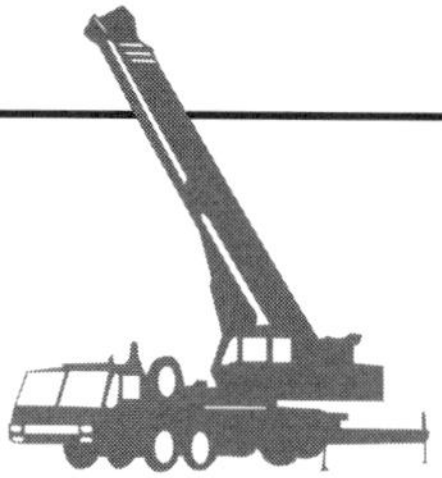

決算対策としての建設重機の購入

土木業を営むＡ社（決算期３月、資本金３,000万円）は、今期、工事の受注が好調であり、経常利益が5,000万円を超える見込みです。そこで、事業拡大のため、建設重機（パワーショベル1,500万円）の購入をすれば、取得価額の全額（1,500万円）を特別償却として損金に算入できると考え、３月下旬に販売会社に建設重機を注文しました。

しかし、注文をした建設重機の納入時期が４月にズレ込んでしまったため、結果的に今期に特別償却を計上することができませんでした。

また、建設重機の購入代金を一括で支払う契約としてしまったため、購入代金の支払いをすると、納税資金が足りなくなってしまいました。

失敗のポイント

決算期間際で設備投資をする場合には、対象資産を事業の用に供していることが適用要件となるため、納入していない場合には、事業の用に供していると認められず、特別償却（普通償却を含む）を受ける事は、できません。

また、設備投資をする場合には、資金繰りついても検討しなくてはなりません。

正しい対応

特別償却や税額控除を適用して、設備投資を検討する場合には、決算期の間際ではなく、事前に決算の見込みを予測して計画的に行うことが重要です。決算間際での設備投資は、事業年度末日までに納入できず、結果的に優遇措置が受けられなくなる他、設備投資により、資金が流失してしまうため、納税資金が足りなくなることも想定しなくてはなりません。

[ポイント解説]

(1) 中小企業投資促進税制

中小企業投資促進税制は、特別償却と税額控除のいずれかを選択適用でき、適用要件は、表のとおりとなります。

●中小企業投資促進税制の概要

<table>
<tr><th colspan="2"></th><th colspan="2">従来制度</th><th colspan="2">拡充制度</th></tr>
<tr><td colspan="2">適用期間</td><td colspan="2">平成29年3月31日までに取得等</td><td colspan="2">産業競争力強化法の施行日から
平成29年3月31日までに取得等</td></tr>
<tr><td colspan="2">対象者</td><td colspan="4">青色申告書を提出する資本金の額、又は出資金の額が
1億円以下の法人等又は協同組合等(中小企業者等)</td></tr>
<tr><td rowspan="8">対象資産</td><td>機械装置</td><td colspan="2">すべて(1台160万円以上)</td><td colspan="2">すべて(1台160万円以上)</td></tr>
<tr><td rowspan="3">器具備品</td><td colspan="2">電子計算機
(複数台計120万円以上)</td><td colspan="2">電子計算機
(複数台計120万円以上)</td></tr>
<tr><td colspan="2">デジタル複合機
(1台120万円以上)</td><td colspan="2">デジタル複合機
(複数台計120万円以上)</td></tr>
<tr><td colspan="2">試験または測定機器
(複数台合計120万円以上)</td><td colspan="2">試験または測定機器
(複数台合計120万円以上)</td></tr>
<tr><td>工具</td><td colspan="2">測定工具及び検査工具
(複数台計120万円以上)</td><td colspan="2">測定工具及び検査工具
(複数台計120万円以上)</td></tr>
<tr><td>ソフトウェア</td><td colspan="2">複数機70万円以上</td><td colspan="2">複数機70万円以上</td></tr>
<tr><td>貨物自動車</td><td colspan="2">車両総重量3.5t以上</td><td colspan="2">—</td></tr>
<tr><td>内航船舶</td><td colspan="2">取得価額×75%</td><td colspan="2">—</td></tr>
<tr><td colspan="2">特別償却</td><td colspan="2">基準取得価額×30%</td><td colspan="2">取得価額まで償却可能</td></tr>
<tr><td colspan="2" rowspan="2">税額控除</td><td>中小企業者等</td><td>特定中小企業者等</td><td>中小企業者等</td><td>特定中小企業者等</td></tr>
<tr><td>適用無し</td><td>基準取得価額
×7%</td><td>取得価額
×7%</td><td>取得価額
×10%</td></tr>
</table>

(注1) 拡充制度の対象資産は、生産性向上設備投資促進税制の生産性向上設備等に該当するものに限る。
(注2) 特定中小企業者等とは、中小企業者等のうち資本金の額又は出資金の額が3,000万円以下の法人等をいう。
(注3) 税額控除は、当期の法人税額の20%を限度とする。
(注4) 複数台及び複数機とは、取得価額が1台当たり30万円以上のものの合計額をいう。

(2) 適用対象事業年度

この制度の適用対象事業年度は、指定期間内に適用対象資産を取得し又は制作して指定事業の用に供した場合に、その指定事業年度の用に供した日を含む事業年度となります。

そのため、今回の建設重機を取得し、事業の用に供した事業年度は、翌期となってしまうため、今期にこの制度を適用することができなくなってしまいました。

事例 24

木造のプレハブ事務所等を他の事務所に移築

A社は、不動産建築業を営む業者です。以前より木造プレハブの建物を事務所として使用していました。今回、自社で新たに木造プレハブ事務所を建築しています。その際、使用していた木造プレハブの取り壊し費用（200万円）及び新たなプレハブ事務所の建設にかかった費用である材料費、労務費、建築に係る経費を原価計算しましたが、決算において他の現場と同様に未成工事支出金として計上していました。

決算が近づき、例年通り顧問税理士と打合せをすることになりました。その時に顧問税理士から、「旧木造プレハブを取り壊した損失が除却損が帳簿に載っておらず、新築した事務所にかかった費用は、未成工事支出金ではなく、建設仮勘定になります」との指摘を受けました。

失敗のポイント

Ａ社は、不動産建築業を営んでいる業者であることから、日常から材料費の購入や下請け業者への発注があったようですね。

同じ不動産の建築でも、販売用不動産と自社で事業用として使用する不動産では、取り扱いが異なります。販売用不動産と自社使用の不動産ごとに発生した材料費、労務費、建築に係る費用を区別し、自社使用の不動産については、工事原価ではなく、販売費及び一般管理費の減価償却で処理する必要があります。

正しい対応

不動産建築業者が建設する不動産のうち販売用の不動産と自社使用の不動産では、その取り扱いが異なります。販売用不動産は、未成工事支出金として、工事完成基準又は工事進行基準等により工事完成高に対応させ原価処理します。これに対し、自社使用の不動産については、原価処理ではなく減価償却費として耐用年数に応じて費用計上することになります。

また、従前より使用していた事務所を取り壊した場合の旧事務所の帳簿価額は、取り壊した日の属する事業年度に除却損として計上します。

[ポイント解説]

(1) 自己が建設等をした減価償却資産の取得価額

自己の建設等に係る減価償却資産の取得価額は、その資産の建設等のために要した原材料費、労務費及び経費の額とその資産を事業の用に供するために直接要した費用の額の合計額となります。(法令54①二)

(2) プレハブ建物の耐用年数

プレハブ建物の耐用年数については、建物の構造及び用途により、判定することになります。その建物がどの構造に属するかは、その主要柱、耐力壁又ははり等その建物の主要部分により判定を行います。(法基通1-2-1)

長期間使用する事務所用の木造プレハブの耐用年数は、建物の主要柱、はり等の主要骨格が木造のものであれば、細目が「事務所又は美術館用のもの」で構造が「木造又は合成樹脂造」となりますので、耐用年数は、24年となります。

また、工事現場で使用する現場事務所としての木造プレハブ建物の構造が「木製主要柱10cm角以下のもので、土居ぶき、杉皮ぶき、ルーフィングぶき又はトタンぶきのもの」であれば、「簡易建物」として耐用年数は、10年となります。

なお、建設工事現場において、その工事期間中に建物として使用し、工事現場の異動に伴って移設することを常態とする移動性のある仮設建物のように解体、組立てを繰り返して使用する建物の場合には、細目が「掘立造のもの及び仮設のもの」で構造が「簡易建物」となるため、耐用年数は、7年となります。

(3) 取り壊した建物の帳簿価額の取壊損失の取り扱い

法人が有する建物でまだ使用できるものを取り壊して、これに代わる建物を取得した場合には、その取り壊した建物の取り壊し直前の帳簿価額は、その取り壊した日の属する事業年度の損金の額に算入します。(法基通7-7-1)

▶税理士からのポイント

建設工事業を営む方で、自社の事務所を建築・リフォームされるケースは少なくないのではないでしょうか。今回の事例では自社使用不動産の建て替えですが、一部をモデルルームとして改装する場合等のリフォームもこれに該当します。自社使用の場合は特に労務費に関して見落としがちですので、通常の未成工事支出金計上と同様に、工事日報等の記録を基に計上することが必要です。

事例25

建設用足場材料の少額資産判定

A社（資本金２億円）は、外壁塗装を営む会社です。当社は、建設現場に係る足場材料を購入し、工事ごとに使用しています。この足場材料については、減価償却を行い、その償却費をそれぞれの現場ごとに工事原価に配賦するという処理を行っていました。この度、受注する工事の規模、受注件数の増加により、足場材料を200万円（組立式１体当たり５万円×40体）で購入したのですが、全額を工具器具備品として計上し、減価償却を計上していました。

決算期を迎え顧問税理士より「資産計上の判定単位は、通常１単位として取引される単位ごとに判定しますので、購入した足場材料は、全額、損金として計上できます」との指摘を受けました。

失敗のポイント

購入した資産に対する支出を固定資産に計上して、耐用年数に応じて費用計上するのか、それとも即時償却が可能なのかは、金額やその減価償却資産の単位により判断し、処理をしていくことになりますので、注意が必要です。

正しい対応

塗装業者が工事現場で使用する足場材料を資産計上するのかどうかは、その取引１単位当たり１０万円未満であることから即時償却が可能です。また、工事に使用する場合、資産の使用可能期間が１年未満である場合にも即時償却が可能となります。なお、少額減価償却資産の判定単位は、その資産の使用状況等により異なります。実態に合っていない場合には、税務調査で指摘される可能性がありますので、注意が必要です。

[ポイント解説]

(1) 少額の減価償却資産の判定

取得価額が10万円未満であるかどうかは、通常1単位として取引される単位ごとに判定することとされています。

(2) 使用可能期間が1年未満の減価償却資産の範囲

使用可能期間が1年未満である減価償却資産は、即時償却をすることが可能です。使用可能期間が、1年未満である減価償却資産とは、法人の属する業種において種類等を同じくする減価償却資産の使用状況、補充状況等を勘案して一般的に消耗性のものと認識されている減価償却資産で、その法人の平均的な使用状況、補充状況等（おおむね過去3年間の平均値を基準として判定する）からみてその使用可能期間が1年未満であるものをいう。この場合において、種類等を同じくする減価償却資産のうちに材質、型式、性能等が著しく異なるため、その使用状況、補充状況等も著しく異なるものがあるときは、当該材質、型式、性能等の異なる物ごとに判定することができます。

事例 26

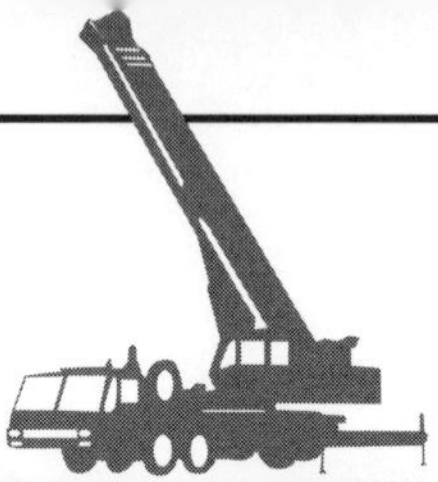

事務所の移転に伴い内装を改装した場合の耐用年数

建設業を行っていますが、現在の事務所が手狭になり、近くに手ごろな物件があるため引っ越しをすることにしました。

この物件を現状のまま取得し、価額は800万円でした。中古物件のため使い勝手などを考えて実際に移転するまでに1,500万円の改装費用がかかりました。

移転後に中古資産の耐用年数については使用可能期間を見積もり、その期間で償却することが認められていると聞いていたので、その償却期間は10年くらいではないかと考えていました。

しかし、顧問税理士に内部造作設備の耐用年数を確認したところ「今回のように中古で取得した資産に再取得価額（その中古資産と同じ新品のものを取得する場合の価額）の50％以上の資本的支出をした場合には新品の資産を取得したのと変わらないことから、その耐用年数についても新品

を取得したのと同じ年数を使用しなければならない」と指摘を受けました。

もし内部造作設備を新品で購入した場合の耐用年数は41年、再取得価額は2,500万円とのことで、予想外に償却額が少なくなってしまいました。

失敗のポイント

法人が中古資産を取得し、事業の用に供した場合のその中古資産の耐用年数は、新品の資産を取得した場合の法定耐用年数を使用するのが原則ですが、それでは実情と合わないことから、その事業の用に供した時以後の使用可能期間（残存耐用年数）を見積もり、その期間で償却することも認められています。これを見積法といいます。

また、その使用可能期間を見積もることが困難な場合には、一定の方法により計算した年数を、使用可能期間として使用することができます。これを簡便法といいます。

しかし、本事例のように、取得した中古資産について再取得価額の50％以上の資本的支出をした場合には中古資産の残存耐用年数（見積法及び簡便法により計算した使用可能期間）を使用することは認められておらず、新品を取得したのと同じ法定耐用年数を使用しなければなりません。

正しい対応

中古資産を取得した場合に使用する耐用年数については、以下の順序で考えていくと判定しやすいかと思われます。

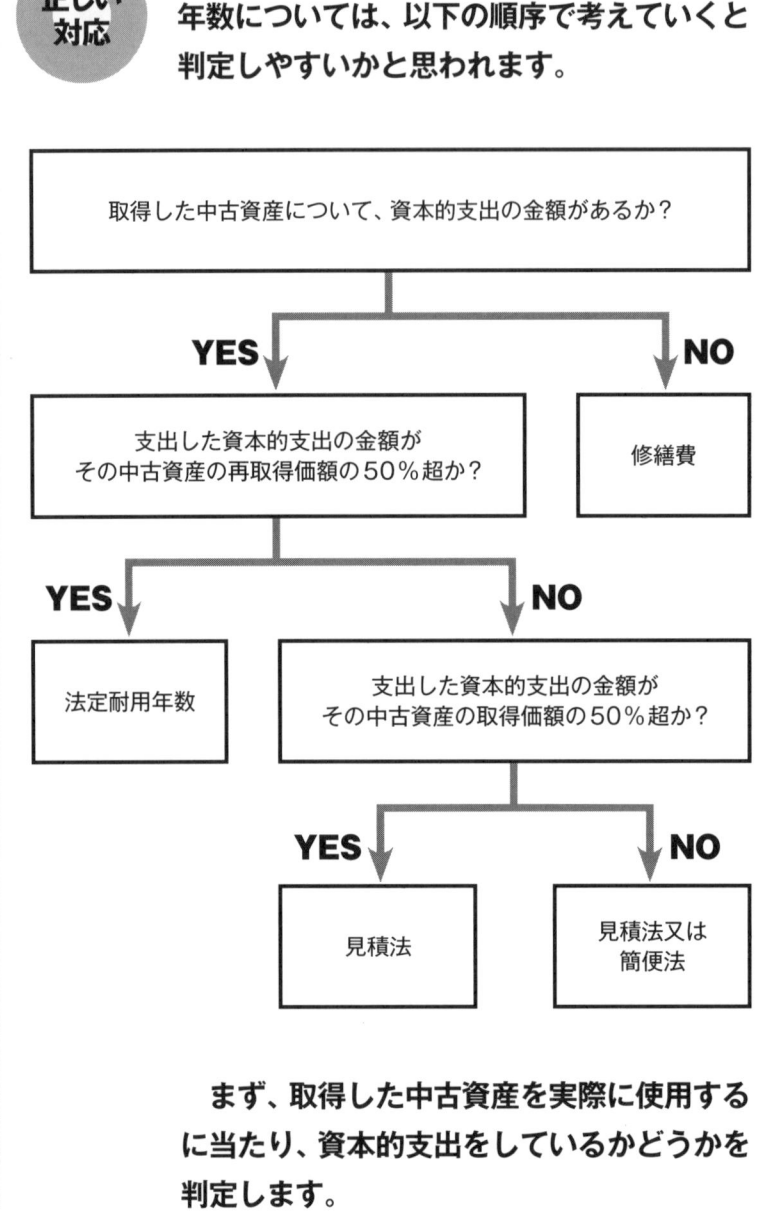

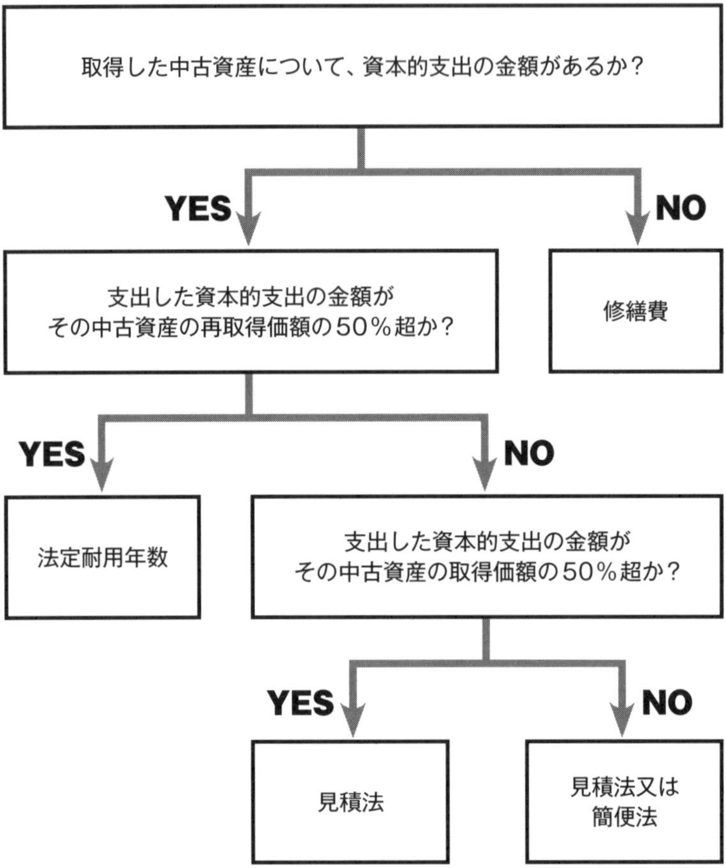
取得した中古資産について、資本的支出の金額があるか？
YES
NO
支出した資本的支出の金額が
その中古資産の再取得価額の50％超か？
修繕費
YES
NO
法定耐用年数
支出した資本的支出の金額が
その中古資産の取得価額の50％超か？
YES
NO
見積法
見積法又は
簡便法

まず、取得した中古資産を実際に使用するに当たり、資本的支出をしているかどうかを判定します。

その判定の結果、資本的支出がある場合において、その資本的支出の金額がその中古資産の再取得価額の50％超になる場合には、新品を取得したのと同じ法定耐用年数を使用しなければなりません。

また同じく資本的支出がある場合において、その資本的支出の金額が、中古資産の50％超になる場合には、見積法により計算した使用可能期間を使用することは認められますが、簡便法で計算した使用可能期間を使用することは認められていません。

したがって使用可能期間を適正に見積もらなければならなくなります。（※ただし、見積法における特例計算を適用することも可能です。「ポイント解説」（1）見積法参照）。

上記以外の場合については、見積法で計算した使用可能期間を使用する方法（耐用年数の見積もりが困難な場合に限る）の2つが認められています。

本事例については取得した中古資産について再取得価額（2,500万円）の50％以上の資本的支出（1,500万円）をしていますので、新品を取得したのと同じ法定耐用年数（41年）を使用することになります。

[ポイント解説]

本事例は新品を取得したのと同じ法定耐用年数（41年）を使用するケースであったため述べませんでしたが、取得した中古資産について見積法又は簡便法が使用できる場合の計算方法は以下のように規定されています。

(1) 見積法

法人が中古資産を取得した場合には使用可能期間を見積もることができますが、その見積もり方法については法人税法上、明確に規定されていません。

したがって何かしらの方法で合理的に見積もることになりますが、法人が以下の算式により計算した年数を、その中古資産の使用可能年数としているときは、これを認めることとされています。

（算式）　A÷（B／C+D／E）＝使用可能期間
　　　　（1年未満の端数があるときは、これを切り捨てた年数とする）

A……中古資産の取得価額（資本的支出の価額を含む）
B……中古資産の取得価額（資本的支出の価額を含まない）
C……中古資産につき簡便法により計算した耐用年数
D……中古資産の資本的支出の額
E……中古資産の法定耐用年数

ただし、中古資産を事業の用に供するにあたって、支出した資本的支出の金額が当該資産の再取得金額の50％を超える場合には、上記の算式による計算はできません。

(2) 簡便法

法的耐用年数の全部を経過したもの

(算式)法定耐用年数×20／100=残存耐用年数

法定耐用年数の一部を経過したもの

(算式)(法定耐用年数－経過年数)+(経過年数×20／100)=残存耐用年数

事例 27

モデルハウスを建設した場合の耐用年数

住宅建築の事業を行っています、販売促進のためモデルルームを建設しました。モデルハウスは、外見上は一般の住宅と変わりませんが、給排水設備は未工事のままです、工法自体も主要部分以外は簡易な作りとなっております。３年後に取り壊し予定なので地主さんとの土地の賃貸契約を３年にしました。

これらを考えて、３年後に取り壊すこともあり耐用年数を３年で償却ができると考えておりました。

しかし、顧問税理士にこのモデルハウスの耐用年数を確認したところ、仮設の建物に該当するため耐用年数は７年を使用しなければならないと指摘されました。

地主との契約通り３年目で取り壊しされた場合には、このモデルハウスの残存価額は固定資産廃棄損として損金算入されることになるそうです。

当社としてはモデルハウスにかかった費用は３年で償却する予定でしたが、そのようにはならないことが分かりました。

失敗のポイント

住宅関連の事業者の方には、モデルハウスの建築は広告宣伝又は販売ツールとの意味合いが大きいと思います。土地の契約も3年間で契約をしていますので3年で償却ができると思いがちです。しかし、法人税法では固定資産の取得に該当します。法定耐用年数は別表第1（「減価償却資産の耐用年数等に関する省令」別表一）の「建物」の「簡易建物」の「仮設のもの」7年を適用します。

また、土地の賃貸契約が3年となっていますが場合よっては2年で取り壊したり、延長したりすることも考えられます。

このように土地の契約期間や取り壊し予定での耐用年数を決めることは認められていません。

ただし、耐用年数の短縮に関しては所轄国税局長の「承認」を受けることによって可能です。事由としては物理的、客観的なもので「材質又は制作方法が通常のものと異なる」「地盤隆起又は沈下」「陳腐化」「著しく腐食」「著しく損耗」「通常の構造と著しく異なる」場合が該当します。

正しい対応

　減価償却資産を取得した場合には耐用年数表により使用する耐用年数の確認が必要になります。取得した資産は「建物」「建物附属設備」「構築物」など、どの項目に該当するかの確認も必要になります。また、今回のようなモデルハウスには、この建物と一緒に門柱、へい、生垣、庭などが一緒に造られている場合が考えられます、資産別に分類して使用する耐用年数の確認が必要になります。

　ただしモデルハウスの取り壊しと共に、同様に取り壊すことが、今までの実績で分かる場合はモデルハウスと同じ耐用年数を使用できます。

[ポイント解説]

本事例は土地の契約期間で償却ができると考えたことによりますが、あくまでも減価償却資産の取得に関しては法定耐用年数を使用することになっていますので別表の確認が必要です。また、どの項目に該当するのかの確認も必要です。もう一つ例題としてマンションの一室をモデルルームとした場合が考えられます。マンションの備品として「テレビ」「応接セット」「カーテン」「家具」などが考えられますが、これらの備品はこのモデルルームを設置する目的によって取扱いが変わってきます。

展示終了後にモデルルームと一緒に販売されるもの(棚卸資産)

次回のマンションの分譲時に再び使用されるもの(固定資産)

少額の減価償却資産に該当(一時償却)

一括償却資産に該当(3年間で損金)

少額資産とは

①10万円未満又は使用可能期間が1年未満のもの

②中小企業者等の30万円未満の少額減価資産

中小企業者が平成18年4月1日～平成28年3月31日までの間に取得した30万円未満の減価償却資産について損金経理した場合は損金として認めます。

ただし年間300万円が限度です。

注: 一括償却資産とは、取得額が20万円未満の資産について、事業年度ごとに一括して3年間で損金にする方法です。

事例 28

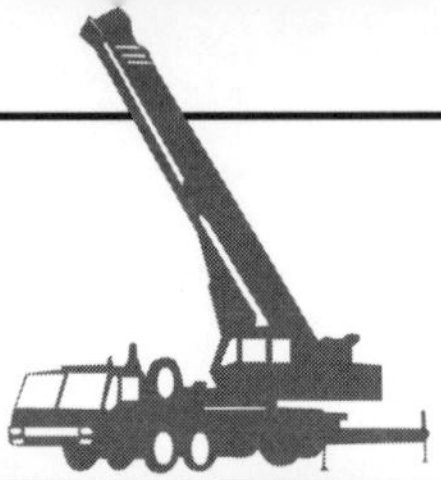

役員に対する社宅の賃料

法人の役員ですが法人で建設した社宅に住んでいます。社宅には私の家族も一緒に住んでおり、全員で４人家族です。

自社での建築物件のため、家賃をいくらにしたら良いのか悩みましたが、一般的な金額として、近隣のアパートの家賃を参考に月額５万円と決めました。

しかし、顧問税理士に確認したところ家屋を低い対価で貸し付けたことになると経済的利益として「現物給与」課税の問題があることが分かりました。

役員に対する社宅の貸与に関しての取り扱いが決まっており、その規定にしたがって家賃を計算し、現在の家賃（5万円）より計算結果が大きければ、その差額が経済的利益となり課税されることになります。

失敗のポイント

法人が自社物件を社宅として役員に貸付を行った場合には、適正金額の計算が必要になります。

法人が所有している社宅を役員へ貸与している場合の「賃貸料相当額」の原則的な計算式は次のようになります。

{計算式A}

賃貸料相当額（月額）＝

{その年度の家屋の固定資産税の課税標準額×12／100（木造家屋以外については10／100）＋その年度の敷地の固定資産の課税標準×6／100}×1／12

（注）1　「木造住宅以外の家屋」とはその家屋の耐用年数が30年を超える住宅用建物。

（注）2　課税標準額が改訂された場合は改訂後の固定資産税の第一期の納期限の翌月分より改定になります。

以上の計算より「賃貸料相当額」を算定します。

正しい対応

適正な賃貸料相当額は「失敗のポイント」の計算式Ａを使って計算を行います。

「課税標準額」
その年度の家屋の固定資産税の課税標準額
……500万円
その年度の敷地の固定資産税の課税標準額
……800万円

{500万円×12／100＋800万円×6／100}×1／12＝9万円　となります

この結果9万円となります、毎月もらっている金額が5万円のため差額の4万円（月額）が経済的利益として給与所得となります。

[ポイント解説]

本事例は自社物件でしたが、他から借り受けた場合はどうなるのでしょうか、

①その場合は

法人が支払う賃借料の50％相当額と「計算式Ａ」により計算した賃貸料

相当額の多いほうの金額がその社宅の賃貸料相当額となります。

②社員（使用人）に対する社宅の場合はどうでしょうか

「賃貸料相当額の計算式Ｂ」

賃借料相当額（月額）＝その年度の家屋の固定資産税の課税標準額×２／１，０００＋１２円×その家屋の総床面積（平方メートル）／３．３（平方メートル）＋その年度の敷地の固定資産税の課税標準額×２．２／１，０００

ただし、社員からもらっている賃貸料が上記の計算式で計算した金額（賃貸料相当額）の50％以上であれば差額に課税されません。

③役員に貸与している社宅が小規模住宅に該当する場合は

社宅の床面積が132平方メートル以下である場合（木造家屋以外の家屋は99平方メートル以下）は社員に対する社宅の貸与と同じ計算式（賃貸料相当額の計算式Ｂ）によって計算した金額が賃貸料相当額とされます。

▶税理士からのポイント

役員に対する経済的利益の供与については、一般の従業員よりも厳しくみられるのが一般的です。今回の事例の他に、その社宅が所謂「豪華社宅」に該当するか否かも問題となります。豪華社宅とは、床面積が240平方メートルを超えるものの内、その他各種の要素を総合勘案し判定することになります。該当しそうな場合は、税理士への事前相談をお勧め致します。

事例 29

通勤費を実費精算ではなく一律の金額で支給している

　当社では、通勤費が非課税扱いであると聞いていたので社員へ一律に１万円支給しております。ところが26年４月以降に関しての、通勤手当に関する改定の案内を目にしました。

　そこで顧問税理士に確認したところ「電車・バスなどの交通機関を利用している場合」と「電車やバスなどのほかにマイカーや自転車などを使って通勤している場合」があり、非課税限度額を確認して、非課税部分と課税になる部分を区分しなければいけないと指摘されました。

　マイカーや自転車などを使って通勤する人に関しては通勤距離に応じて非課税金額が定まっており、各人から通勤距離の申告をしてもらうことになりました。

失敗のポイント

（注意　平成26年4月1日改正となっています）

通勤手当は基本的に実費に関しては非課税だが一律に支給しているのであれば非課税になる部分を確認して給与計算の際に課税対象にしなくてはなりません。

①交通機関又は有料道路を利用している人に支給する通勤手当は1ヶ月当たりの合理的な運賃等の額（最高限度　10万円）

②自転車や自動車など交通用具を使用している人に支給する通勤手当は距離によって1ヶ月0円（2キロメートル未満）～31,600円（最高）まで8段階に分かれています。

③交通機関を利用している人に支給する通勤用定期乗車券は1ヶ月当たりの合理的な運賃等の額（最高限度額　10万円）

④交通機関又は有料道路を利用するほか交通用具も使用している人に支給する通勤手当や通勤用定期乗車券は1ヶ月当たりの合理的な運賃等の額と②の合計との金額（最高限度10万円）

と規定されています。

正しい対応

通勤手当を支給した場合は非課税がいくらになるのか確認が必要です。

「失敗のポイント」①③④に規定されている、合理的な運賃の額とは、通勤のための運賃・時間・距離等の事情により最も経済的で合理的な経路・方法で通勤した場合の通勤定期券などの金額となります。新幹線通勤も含まれ、特別急行料金も含まれますが、グリーン料金などは対象になりません。また、パートやアルバイトなど短期間で雇い入れる人についても通勤手当などの非課税となる部分は月を単位にして判断します。

[ポイント解説]

通勤手当に関しては4つの区分に応じて1ヶ月当り課税されない金額が決められています。

「失敗のポイント」②の交通用具使用の際の通勤距離に対しての区分は

通勤距離が片道2キロメートル未満　…………………………(全額課税)

通勤距離が片道2キロメートル以上10キロメートル未満

………………………………(4,200円)

通勤距離が片道10キロメートル以上15キロメートル未満

………………………………(7,100円)

通勤距離が片道15キロメートル以上25キロメートル未満

……………………………(12,900円)

通勤距離が片道25キロメートル以上35キロメートル未満

……………………………(18,700円)

通勤距離が片道35キロメートル以上45キロメートル未満

……………………………(24,400円)

通勤距離が片道45キロメートル以上55キロメートル未満

……………………………(28,000円)

通勤距離が片道55キロメートル以上　……………………(31,600円)

となっています。

事例 30

永年勤続者に対する旅行費用名目で現金支給をした

当社は永年勤続表彰として勤続20年に達した従業員に対し、永年の労をねぎらうため、一人当たり2泊3日の旅行を与えるため、その費用相当額（10万円程度）」を、旅行会社へ支払わず本人に直接支払いました。10万円は福利厚生費として経理処理していました。

今般の税務調査で福利厚生費ではなく、実施したかどうかの確認を行っていないとの理由で、全額給与課税するように指摘を受けました。

失敗のポイント

給与所得者の業務遂行のための旅費で通常必要と認められるものは、非課税となります。旅行が会社の業務を行うために直接必要な場合には、その費用は給与として課税されません。

しかし、直接必要でない場合には、旅行の費用が全額給与として課税されます。

正しい対応

現金支給した場合は全額が課税対象になりますので、旅行会社に直接支払う必要があります。

旅行代金を支給した場合は支給を受けた従業員が、慰安旅行を実施した後に、実施者の氏名、旅行日、旅行先、旅行会社への支払領収書の添付した報告書を提出させます。

また、支給後に１年経過しても旅行していない場合は旅行代金全額を返金する約定にします。

旅行代金の使用状況を管理している場合には給与課税しなくても差し支えないとされています。

[ポイント解説]

永年勤続者に対する表彰は、一般的に行われています。

永年勤続者が受ける記念品等の経済的利益については、その額がその勤続期間に照らし社会通念上相当と認められるものであれば課税しないものとして取り扱うとなっています。(所基通36-21)

経済的利益の額が社会通念上相当であるかどうかは具体的には、公表されていませんので、なかなか判断が難しく、実務上もこの点がしばしば問題になります。

次の要件を満たしている場合は、給与課税しなくてもいいとされています。

①慰安旅行の実施は、旅行費用の支給後1年以内に実施していること。

②慰安旅行の範囲は、支給した旅行代金からみて社会通念上相当なもの(海外旅行を含む。)と認められること。

③慰安旅行代金の支給を受けた従業員が旅行を実施した場合には、所定の報告書に実施者の氏名、旅行日、旅行先、旅行会社への支払領収書の添付した報告書を提出させること。

④慰安旅行代金の支給を受けた従業員が支給後1年以内に全部または一部を使用しなかった場合には、未使用金額を返金させること。

●永年勤続表彰者の記念品等

一定の要件のもとに課税しなくてもよいとされています。

項目	課税・非課税の判定
現金支給した場合	課税
旅行、観劇等への招待、記念品を支給した場合	非課税
各自が自由に選択できる場合	課税
記念品等が勤続年数等に照らして社会通念上相当でない場合	課税
その表彰が、概ね10年以上の勤務対象者である場合	非課税
2回以上表彰を受ける者については、概ね5年以上の間隔がある場合	非課税

▶**税理士からのポイント**

事例において従業員に金銭で支給する場合は原則給与として課税対象になります。慰安旅行代金を支給する場合は下記の事項に該当するか検討してください。

・慰安旅行代金が、従業員の勤続年数等に照らし、社会通念上相当と認められること

・永年勤続表彰が、概ね10年以上の勤続年数を対象とし、かつ、2回以上表彰を受けるものについては、概ね5年以上の間隔をおいて行われるものであること

上記事項に該当しなければ、給与課税されます。

事例 31

工事完成記念品の取り扱い

当社はこのほど役員と使用人に工事完成記念品を支給することになりました。1万円以下なら問題ないと聞いていたので、記念品ではなく金銭で1万円を支給しました。ところが金品の支給は給与課税になると指摘を受けました。

失敗のポイント

役員又は使用人に工事完成記念品の代わりに金銭を支給すれば、金額の多寡に関わらず、給与課税の対象になります。

役員に対しては、役員賞与になりますので、損金の額に算入されません。

正しい対応

役員又は使用人に工事完成記念品を支給する場合には、それが社会通念上記念品としてふさわしいものであること、かつ、その処分見込価額が1万円以下であれば、給与課税をする必要はありません。

[ポイント解説]

役員又は使用人に対して、工事完成記念又は創業記念等に際し、その記念として支給する記念品で次に掲げる要件のいずれにも該当するものについては、課税しなくてもよいとされています。

①その支給する記念品が社会通念上記念品としてふさわしいものであり、かつ、そのものの価額（処分見込価額により評価した価額）が1万円以下のものであること。

②創業記念のように一定期間ごとに到来する記念品に際し、支給する記念品については、創業後相当な期間（おおむね5年以上の期間）ごとに支給するものであること。

それぞれ趣旨の異なる記念行事がたまたま同一年に行われ、それぞれ記念品が支給された場合は、個々の記念品ごとに課税の判定をします。

▶**税理士からのポイント**

支給する記念品が社会通念上記念品としてふさわしいものであり、かつ、そのものの処分見込価額が1万円以下であることが、給与課税されない一つの要件になっています。

処分見込価額の評価基準については特に定められていませんが、一般的には評価は困難ですから、そのものの通常の小売販売価額（いわゆる現金正価）の60％相当額で計算するとされています。

非課税限度額の1万円以下かどうかの限度額の適用については、処分見込み価額により評価した金額に108分の100を乗じた金額により判定することとされていますので消費税等は含みません。

処分見込価額により評価した金額が1万円を超えて課税される場合は、その記念品等の通常の販売価額が給与課税の対象金額になります。販売価額には消費税等が含まれた価額になります。

ただし、建設業者等が請負工事の完成の際に記念品として支給するものは上記要件に含まれず、給与課税されますので注意してください。

●現物給与で所得税を課税しないこととされている事例

項目	概要
通勤用定期乗車券	1ケ月当り10万円までの通勤用定期乗車券
制服	職務の性質上制服を着用しなければならない人に支給される制服
創業記念品等	創業記念品等でその処分見込価額が1万円以下の物
祝金、見舞金等	社会通念上相当な金額
学資金等	学資金、職務上の知識、技術等を習得させるための費用で一定の要件に該当する金額

事例 **32**

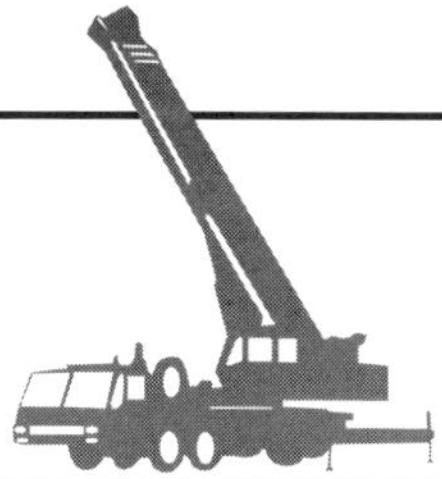

改正消費税における リース取引について

当社は平成23年から契約しているリース料について平成26年3月以前の支払い分は消費税等を5％含まれているとして算出し、平成26年4月以降の支払い分からは消費税等を8％含まれているとして消費税を算出していたことが、誤りであると指摘を受けました。

失敗のポイント

所有権移転外ファイナンス・リース取引につき、賃借人が賃貸借処理をしている場合で、平成26年3月31日までに引渡しを受けたリース資産について分割控除（リース料）する場合は、平成26年4月1日以後の支払いに係る分割控除（リース料）についても消費税等は旧税率（5％）での控除になります。

リース開始日が平成26年3月31日までの所有権移転外ファイナンス・リース取引については、消費税等は旧税率（5％）での控除になる経過措置が講じられています。

正しい対応

リース開始日に旧税率（5%）か改正税率（8%）かの判定を行いますので、混同しないように、旧税率を適用したリース契約一覧表を作成しておくことをお勧めします。

平成26年3月31日までに引渡しを受けたリース資産について分割控除（リース料）する場合は、契約終了時まで支払金額について旧税率（5%）での控除になります。今後消費税等の改正があった場合でも、リース開始日が判定時期になりますので、注意してください。

［ポイント解説］

平成19年度税制改正により平成20年4月1日以後のリース契約については、契約時に賃貸借取引となる場合と、売買取引したとみなされるものに、大別されますので、どちらに該当するかによって適用する消費税率が異なります。

当該契約がどちらに該当するかリース契約時に必ず確認してください。

リース契約は、ファイナンス・リース契約とオペレーティング・リース契約に大別されます。

①賃貸借取引とされた場合　オペレーティング・リース契約

適用税率　　平成26年3月31日までのリース料　5%

　　　　　　平成26年4月1日以降のリース料　8%

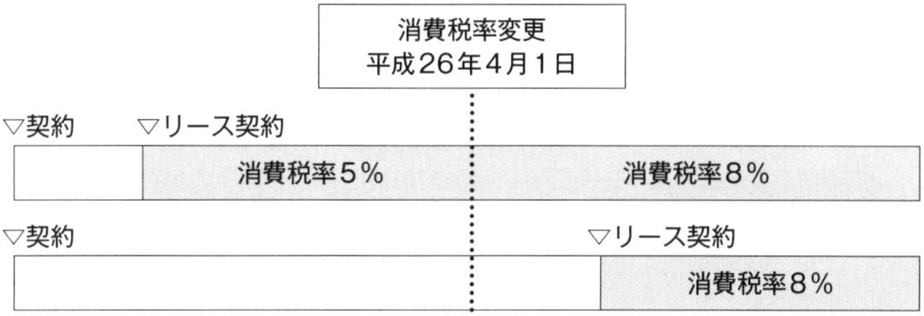

改正税率の経過措置を満たす契約

リース開始日が平成26年3月31日までの場合は旧税率（5％）が平成26年4月1日以降も適用されます。

②売買取引とされた場合　ファイナンス・リース契約

リース開始日が平成26年3月31日までの場合は旧税率（5％）が平成26年4月1日以降も適用されます。

売買取引とされた場合はリース開始日に属する事業年度で消費税等を一括控除しますが、所有権移転外リース取引において、賃借人が賃貸借取引として会計処理をしており、そのリース料について支払うべき日の属する課税期間において消費税額控除している場合は、そのリース料について支払うべき日の属する課税期間において消費税額控除することは認められています。

▶税理士からのポイント

リース開始日とリース契約内容により、賃貸借取引になる場合と売買取引とされるのかを確認する必要があります。現状取引している契約と今後契約する契約で今後の消費税率の控除金額が違ってきますので、注意が必要です。

事例33

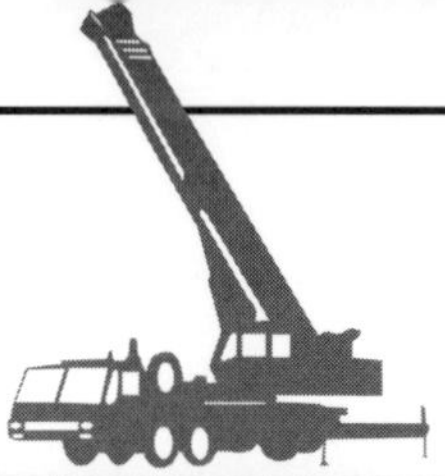

未成工事支出金に係る課税仕入れの時期

建設業を営む3月決算法人です。平成26年4月に完成した建設工事について目的物の完成前に行った当該建設工事のための課税仕入れの金額について未成工事支出金として経理処理しています。

平成26年4月に完成しましたので、売上高は消費税の新税率（8％）を適用しました。仕入税額控除の特例を適用していますので未成工事支出金についても消費税の新税率（8％）で仕入税額控除の計算をしてもいいでしょうか。

失敗のポイント

未成工事支出金とは、建設工事が未完成で、未だ引渡しを終えていない工事に直接要した外注費等を管理し、工事が完成するまで、資産として繰延べるための勘定です。

未成工事支出金として経理処理している場合であっても、原則として当該課税仕入れを行った日の属する事業年度において仕入税額控除を行います。

仕入税額控除の特例の適用をしている場合は、仕入税額控除の時期は平成26年4月にして問題ありませんが、平成26年3月までに、目的物の引渡もしくは役務提供を受けている外注費等の消費税は旧税率（5％）で仕入税額控除の計算を行うことになります。

正しい対応

消費税の仕入税額控除の時期は原則課税仕入れをした日になります。外注費は役務が完了した日、原材料費は購入した日が課税仕入れをした日になります。

個別に課税仕入れした日を管理しておく必要があります。

未成工事支出金として経理処理した課税仕入れの仕入税額控除の時期の特例は、継続適用を条件として、建設工事等に係る目的物を完成して相手方に引渡した日に、未成工事支出金として経理処理された課税仕入れにつき課税仕入れがあったものとして取り扱うことが認められています。

仕入税額控除の時期の特例はありますが、消費税率の時期の特例はありません。

[ポイント解説]

仕入税額控除の時期の特例はありますが、消費税率の特例はありませんので、あくまでも外注費は役務が完了した日、原材料費は購入した日が平成26年3月31日までは旧税率（5%）、平成26年4月1日以降は新税率（8%）になります。

建設工事に係る完成前に行った外注費等の課税仕入れに係る支払対価の額については、収益費用の対応の観点から未成工事支出金として経理処理しますが、この場合においても、その課税仕入れの時期は、原則として、外注費は役務が完了した日、原材料費は購入した日が課税仕入れをした日になります。

未成工事支出金は仮勘定であり、建設工事が完成した時点で一括して完成工事原価に振替します。建設工事が完成して相手方に引き渡した日に、未成工事支出金として経理処理された課税仕入れにつき課税仕入れがあったものとして取り扱うことが、継続適用を条件に認められています。

消費税率変更
平成26年4月1日

消費税率5％	消費税率8％
原材料等の購入日が26年3月31日まで	原材料等の購入日が26年4月1日以降

▶**税理士からのポイント**

未成工事支出金は税務調査で指摘を受けやすい項目です。収益費用の対応の原則から直接原価と間接費の配賦を日頃から管理しておく必要があります。消費税の仕入税額控除と適用消費税率の判断は新税率が導入されると非常に煩雑になります。

原価率を左右する未成工事支出金は建設業においては重要項目の一つです。赤字工事にならないように原価管理と消費税の管理と注意が必要です。

事例 34

消費税率の改正があった場合の請負工事に係る経過措置

平成26年3月に請負工事契約を締結し、平成26年4月以前の契約のために請負金額に旧税率5%を加算した金額で契約しました。このたび工事が平成26年6月に完成したので、契約通り旧税率5%の課税売上として経理処理しましたが、間違いであると指摘されてしまいました。

5% → 8%

失敗のポイント

消費税率が８％になる改正消費税の施行日は平成26年４月１日です。指定日（平成25年10月１日）の前日までに締結した工事請負契約に基づき、平成26年４月１日以後に引渡しをしても旧税率の５％が適用されます。

よって指定日以後の契約であり、引渡しが平成26年４月１日以後のために、新税率の８％が適用されます。

契約日に関係なく、平成26年３月31日までに引き渡した場合は旧税率の５％が適用されます。

正しい対応

新税率施行日の半年前を指定日としています。消費税率が８％に改正された指定日は平成25年10月１日になります。旧税率を適用するには、指定日以前に請負契約の締結をしていれば、26年４月１日以降の引渡しでも旧税率が適用されます。

本事例は指定日以後の契約締結で、引渡しが26年４月１日以降のために新税率が適用されます。契約時に改正消費税の説明をして新税率での契約締結をする必要がありました。

[ポイント解説]

消費税率の経過措置で、適用になる条件として工事請負契約である必要があります。請負契約とは工事の内容につき相手方の注文が付されているものであり、注文に応じて建築される建物等が該当します。注意点は既に形あるものを購入する場合は売買契約になりますので、経過措置の適用がありません。

指定日以降に請負代金が増額になった場合は、増額部分は新税率の適用になります。指定日以前の契約金額は旧税率で指定日以降の増額部分のみが新税率となりますので、増額があった場合は請負金額全額に旧税率を適用することはできません。なお、指定日以前の契約金額から減額になった場合は、旧税率の適用ができます。

経過措置の適用を受ける工事を行った場合、経過措置が適用された工事である旨を注文者に書面で通知する必要があります。記載内容は下記の通りです。

①請負契約の内容を記載する

②請負金額を記載する

③通知書を作成する事業者の氏名・名称・住所・電話番号を記載する

④注文者の氏名・名称を記載する

この通知書は請求書に記載することでもよいとされています。

建設工事について部分完成基準による資産の譲渡等の時期の特例により、工事全部が完成しない場合でも、その期間内に引き渡した一部の建設工事に対応する工事代金は引渡しを行った日の消費税率を適用することになります。

部分完成基準の適用例として一つの建設工事等であっても、その一部分が完成し、かつその完成した部分を引き渡したその割合に応じて工事代金を収入とする特約又は慣習がある場合等です。

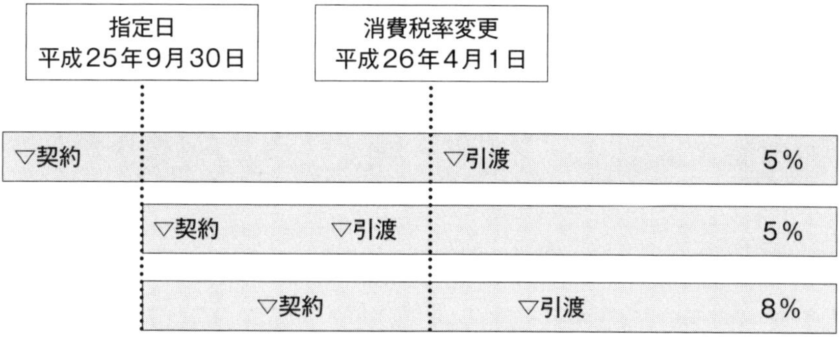

▶税理士からのポイント

消費税率の経過措置の適用可能な契約は請負契約であることです。形ある既製品は売買契約になり、注文により作成されるもの等である必要があります。

次に、適用するには指定日以前の請負契約である必要があります。指定日以前の請負契約は新税率施行日以降に引き渡しても、旧税率が適用されます。

最後に通知書の作成が必要です。一般的に作成されている請求書でもよいとされていますが、口約束では立証が困難ですので、書面で作成してください。

事例 35-1

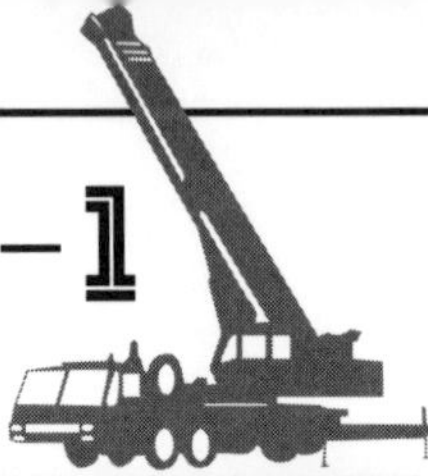

消費税の還付が受けられなかった①

簡易課税制度の適用を受けている事業者が、平成20年の決算において課税売上高が900万円であることが確定しました。そこで、速やかに「消費税の納税義務者でなくなった旨の届出書」を提出し、平成22年は免税事業者となりました。

平成21年においても課税売上高は1,000万円以下であったため、平成23年も引き続き免税事業者のままでしたが、平成22年12月の経営会議において、事業が飛躍的に伸長したので「来年は大型重機（税抜2,000万円）を購入し更なる事業拡大を目指す」ことを決議し、消費税の還付を受けようと同年12月31日までに「消費税課税事業者選択届出書」を提出しました。

	平成20年 （1.1～12.31）	平成21年 （1.1～12.31）	平成22年 （1.1～12.31）	平成23年 （1.1～12.31）
当該課税期間における課税売上高	900万円	950万円	3,500万円	4,000万円
基準期間における課税売上高	1,100万円 （平成18年）	1,200万円 （平成19年）	900万円 （平成20年）	950万円 （平成21年）
納税義務	有	有	無	有
申告方法	簡易課税	簡易課税	免税	ポイント

失敗のポイント

「消費税の納税義務者でなくなった旨の届出書」を提出することにより、それまでに提出した各種届出書は全て失効するものと認識していました。

しかしながら、簡易課税制度の効力は続いており、その結果、大型重機購入に係る消費税額は一切控除対象仕入税額の対象とならず、還付を受けるどころか本来納税義務のなかった平成23年について多額の納税を強いられました。

正しい対応

「消費税簡易課税制度選択不適用届出書」を、選択をやめようとする課税期間の初日の前日（この場合、平成22年12月31日）までに提出しなければなりません。

[ポイント解説]

免税事業者が「消費税課税事業者選択届出書」を提出し課税事業者となることを選択したことまではよかったですが、「消費税簡易課税制度選択不適用届出書」の提出を失念したことにより一転して大失敗となりました。

「消費税簡易課税制度選択届出書」は、「消費税簡易課税制度選択不適用届出書」を提出しない限り、その効力は永遠に続く厄介な届出書です。

したがって、簡易課税制度選択事業者が設備投資等により消費税の還付を受けようとする際には「消費税簡易課税制度選択不適用届出書」を、選択をやめようとする課税期間の初日の前日まで（簡単に言うと、平日・休日に関係なく還付を受けようとする課税期間が始まる前の日まで）に必ず提出しなければなりません。

▶税理士からのポイント

簡易課税制度を選択していても、免税事業者になったり基準期間における課税売上高が5,000万円超になったりして、簡易課税制度を利用しての申告がなされない課税期間が長らく続く場合には、「消費税簡易課税制度選択届出書」を提出していることを忘れてしまいます。

したがって、簡易課税制度選択事業者が設備投資等により消費税の還付を受けようとする際には、設備投資等を予定する課税期間の基準期間における課税売上高や「消費税簡易課税制度選択届出書」の提出の有無を再確認し、「消費税簡易課税制度選択不適用届出書」の提出が必要であれば、期限厳守で提出しなければなりません。

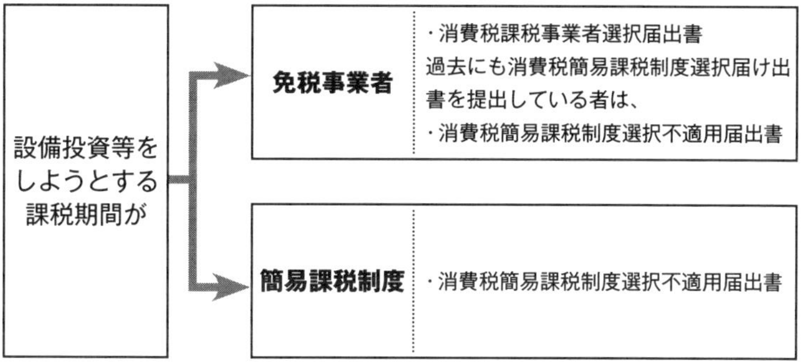

事例 35-2

消費税の還付が受けられなかった②

平成23年は、「消費税課税事業者選択届出書」は提出したものの「消費税簡易課税制度選択不適用届出書」の提出を失念したことにより、消費税の還付を受けることができませんでした。

その後の設備投資等の計画はなかったことから「消費税簡易課税制度選択不適用届出書」は提出しないまま平成25年を迎えました。

還付が受けられなかったショックは未だ尾を引き仕事もろくに手につかない状況の中、またもや不幸が襲いました。

なんと1月に本社兼加工場が火災により全焼！

直ちに建築に取り掛かり稼働を開始しましたが、平成25年は簡易課税制度による申告であることや前回の失敗により消費税は期限内の届出が絶対条件であることを痛感したので、建築費（税抜3,000万円）に係る消費税額は一切控除対象仕入税額の対象とならないものと思い込み、還付の件についてはあっさりと諦めました。

	平成22年（1.1～12.31）	平成23年（1.1～12.31）	平成24年（1.1～12.31）	平成25年（1.1～12.31）
当該課税期間における課税売上高	3,500万円	4,000万円	4,100万円	?
基準期間における課税売上高	900万円（平成20年）	950万円（平成21年）	3,500万円（平成22年）	4,000万円（平成23年）
納税義務	無	有	有	有
申告方法	免税	簡易課税	簡易課税	ポイント

失敗のポイント

「災害等による消費税簡易課税制度選択（不適用）届出に係る特例承認申請書」を提出し承認を受けた場合には、簡易課税制度の取り止めが出来ることを知りませんでした。

正しい対応

「災害等による消費税簡易課税制度選択（不適用）届出に係る特例承認申請書」を災害その他やむを得ない理由のやんだ日から2ヶ月以内に、その納税地を所轄する税務署長に提出し、承認を受けた場合には、その適用（不適用）を受けようとする課税期間の初日の前日にその届出書を提出したものとみなされます。

[ポイント解説]

簡易課税制度の場合、仕入れに係る消費税額は一切控除対象仕入税額の対象となりません。

したがって、建築費（税抜き3,000万円）に係る消費税額も控除対象仕入税額の対象となりませんが、災害等により多額の設備投資が必要となるにもかかわらず強制的に簡易課税制度を適用されたらたまったものではありません。

そこで、「災害等による消費税簡易課税制度選択（不適用）届出に係る特例承認申請書」を提出し承認を受けることにより、簡易課税制度を取り止めて原則課税に切り替えることが認められています。

▶税理士からのポイント

災害その他やむを得ない理由のやんだ日とは、いつなのか？今のところ種々の意見、解釈があるようです。

万が一このような事態が発生した場合には、先ずは当該申請書を提出し、今後の対策を練ることをお勧めします。

事例 36

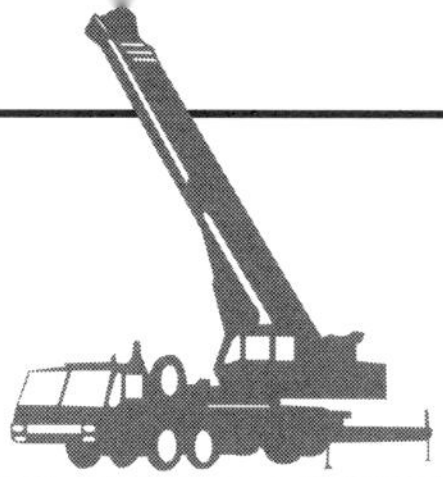

国家資格受験料の会社負担金の課税仕入れ

この度、従業員が１級土木施工管理技術検定試験を受験することとなりました。

当該資格は当社の仕事に直接必要なものであることから、受験手数料の全額（16,400円）を会社が負担し、次の通り仕訳を行いました。

（福利厚生費）	15,185円	（現金）	16,400円
（仮払消費税等）	1,215円		

失敗のポイント

検定試験料に消費税が課されているものとして処理をしてしまいました。

正しい対応

課税対象取引であることに間違いありませんが、国家試験受験料は非課税とされていて、消費税は課されません。

(福利厚生費) 16,400円 非　(現金) 16,400円
~~(仮払消費税等) 1,215円~~

[ポイント解説]

消費税の課税関係は次の通りです。

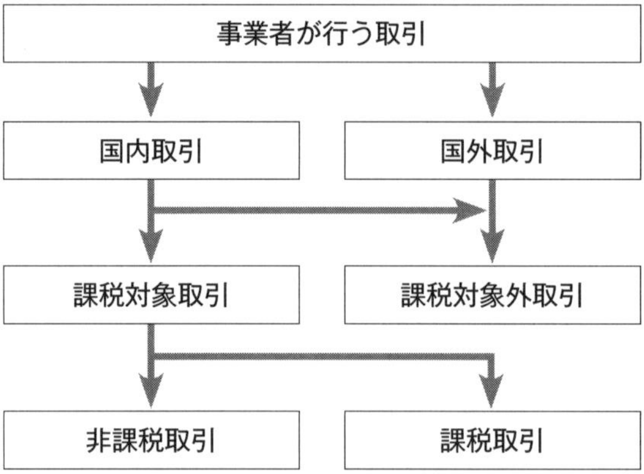

消費に負担を求める税としての性格から課税の対象としてなじまないものや社会政策的配慮から課税することが不適切であるものについては、非

課税取引として消費税を課さないこととされています。

今回の1級土木施工管理技術検定試験は国が行う行政サービスであり、国民が他のサービス提供者を選択できない公の役務の提供であり、当該資格を取得するにはそれを利用するしか手段はなく、また税金と似通った性格も有していることから消費税は非課税とされています。

▶税理士からのポイント

非課税取引と課税対象外取引（非課税取引に対して不課税取引とも呼ばれています）を混同している方が多いように思われます。正しく分類するには、先ずその国内取引が課税対象取引又は課税対象外取引のどちらに該当するかを検討し、そのあとで課税対象取引に該当するものの中に非課税取引として取扱うものがないかを確認します。

建設業の場合、政治団体等に対する寄附金や取引先への金銭による冠婚葬祭費をよく見かけますが、これらは「事業として対価を得て行われる資産の譲渡等」に該当しませんので課税対象外取引となります。

一方、贈答用として購入した商品券やビール券など物品切手等に関しては、課税の対象としてなじまないものとして非課税取引となります。

ただ、仕入れ税額については、課税対象外取引と非課税取引の区分を厳密に行うことの必要性は特段なく、むしろこれらの取引が課税取引として仕入れ税額控除の対象となっていないかに注意すべきであると考えます。

事例 37

個人(一人親方)に対して支払う外注費の取り扱い

当社は常時４名の従業員を雇用する木造建築工事事業者ですが、繁忙時には以前当社で従事していたＡに依頼し、当社が請負った木造建築工事を手伝ってもらっています。

Ａは当社を退職後、一人親方として同業を営んでいますが、施主から直接請負う建築工事はしておらず、同業者からの依頼により役務の提供を行ういわゆる常用大工として活動しています。

平成26年10月、当社が施主より請負った木造建築工事の工期が間近に迫ったことでＡに手伝いを依頼し、その報酬として20日分40万円を支払いました。

１日当り２万円の報酬は同業の当地域での相場であり、今回の現場に限らず他の現場にＡを呼び寄せる際もこの単価であることは互いに分かり合っています。

失敗のポイント

当社はＡが個人事業主であることを理由に、その40万円を外注費として取り扱い、次の通り仕訳を行いました。

（外注費）	370,370円	（現金）	400,000円
（仮払消費税等）	29,630円		

正しい対応

外注費又は賃金のどちらに該当するかの判断は非常に難しいですが、この場合、請負契約書若しくはそれに準ずるような書類は無いこと、当社の指揮監督のもとＡによる役務の提供が行われていること、材料及び用具等を供与されていること等を総合勘案して、賃金として取り扱うことが妥当と思われます。

（賃金）	400,000円	（現金）	383,490円
~~（仮払消費税等）~~	~~29,630円~~	（預り金）	16,510円

[ポイント解説]

まず、Aに支払った40万円が請負であるか雇用又はこれに準ずるものであるかについての検討ですが、消費税法基本通達1-1-1には「事業者とは自己の計算において独立して事業を行う者をいうから、個人が雇用契約又はこれに準ずる契約に基づき他の者に従属し、かつ、当該他の者の計算により行われる事業に役務を提供する場合は、事業に該当しないのであるから留意する…」と規定しています。

また、それが明らかでないときは次のような事項を総合勘案して判定することを定めています。

①その契約に係る役務の提供の内容が他人の代替を容れるかどうか。
②役務の提供に当たり事業者の指揮監督を受けるかどうか。
③まだ引渡しを了しない完成品が不可抗力のため滅失した場合等においても、当該個人が権利として既に提供した役務に係る報酬の請求をなすことができるかどうか。
④役務の提供に係る材料又は用具等を供与されているかどうか。

これらを勘案して、請負と判断された場合には外注費として処理し、当初の仕訳通り当該外注費に係る消費税額は控除対象仕入税額の対象となりますが、反対に雇用又はこれに準ずるものと判断された場合には、賃金に該当し課税対象外取引として取り扱わなければなりません。

▶税理士からのポイント

前述のように、外注先との契約が請負であるか雇用又はこれに準ずるものであるかの判断は難しく、したがって、個々の状況に応じた処理が必要です。

一般的には、請負契約書若しくはそれに準ずるような書類の作成を行う、労災保険料は外注先に負担させる、外注先が使用する携帯電話等の費用を負担しない、車両を貸与しないなど、自社の従業員に対して行う行為と区別することが必要です。

事例 38

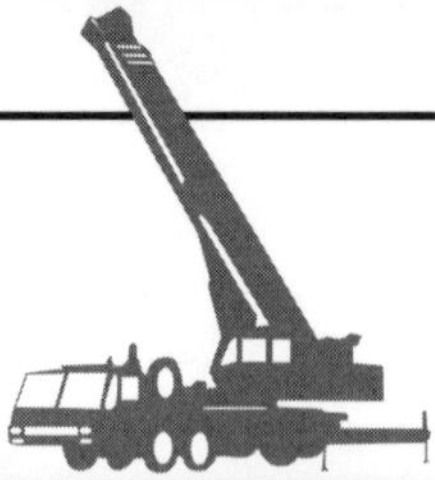

消費税簡易課税制度のみなし仕入率

当社は３名の従業員を雇用する左官工事業者で、毎年の売上高は4,000万円前後で推移しています。

請負った工事については従業員だけで概ね賄えることから、多額の外注費は発生しておらず、また特段の設備投資等も計画していないので、消費税の申告方法については以前から簡易課税制度を選択しています。

平成27年の決算を迎え売上高を確認したところ、当該課税期間における課税売上高は3,000万円と前年を大きく下回りました。

これは建設業特有の夏枯れが原因で、特に今年はひどく6月から10月までの請負工事は0件で、その間従業員３名は同業者に依頼しいわゆる常用人工として従事させました。

課税売上高の内訳	売上割合
請負い工事高：1,800万円	60%
常用人工売上高：1,200万円	40%
計：3,000万円	100%

失敗のポイント

平成27年の売上高の内訳は前記の通りであり、当社は建設業につき製造業等の第３種事業に該当するので、当該課税売上高にみなし仕入率70％を乗じて控除対象仕入税額を計算しました。

30,000,000円（課税標準額）×８％

＝2,400,000円…売上げに係る消費税額

2,400,000円×70％

＝1,680,000円…控除対象仕入税額

2,400,000円－1,680,000円

＝720,000円…納付税額

注：便宜上、消費税と地方消費税を一緒に計算。

正しい対応

常用人工売上高は第４種事業として、みなし仕入率60％を乗じて控除対象仕入税額を計算しなければなりません。

30,000,000円（課税標準額）×８％

＝2,400,000円…売上げに係る消費税額

・内、第３種事業に係る消費税額：

18,000,000円×８％＝1,440,000円

・内、第４種事業に係る消費税額：

12,000,000円×８％＝960,000円

※2,400,000円×0.66（みなし仕入率）

＝1,584,000円…控除対象仕入税額

・みなし仕入率：

（1,440,000円×70%+960,000円×60%）÷2,400,000円

=0.66

2,400,000円−1,584,000円

=816,000円…納付税額

注：便宜上、消費税と地方消費税を一緒に計算。

［ポイント解説］

業種区分は事業全体ではなく1取引ごとに判定する必要があります。

当社は第3種事業に該当する建設業でありますが、常用人工売上高は消費税上は加工賃その他これに類する料金を対価とする役務の提供を行う事業として、第4種事業に該当することとされていますので、みなし仕入率60%を乗じて控除対象仕入税額を計算しなければなりません。

▶税理士からのポイント

簡易課税制度は中小事業者の消費税事務負担の軽減を目的とした特例制度ですが、業種区分判定は大変難しいものです。

また、今般の消費税法令の改正によりみなし仕入率が見直されたことにより、業種区分判定はいっそう複雑化するものと思われます。

今回の事例では、業種区分がなされていることを想定していますが、もし区分していない場合には、その区分できない事業のうち最低のみなし仕入率（この場合60％）を適用することとされています。

建設業の場合、材料の無償支給による工事や今回のような加工賃その他これに類する料金を対価とする役務の提供を行う事業は第4種事業に該当しますので、請負契約書や材料の調達方法はその都度確認することが必要です。

事例 39

JV工事の未成工事支出金の算定

弊社は建設業を営んでいる中小企業です。今回、発注者側の都合により地元建設業者２社でJV（建設共同企業体）を組んで、大型工事を受注し工事を行っています。

JVには、構成員としての出資金を支払うとともに、JVから下請けとして工事の一部を弊社が行っています。

工事は、弊社決算の１２月には完成しないために、JV出資金は出資金として流動資産に計上し、下請け分の工事費用は、下請け現場に要した直接経費のみを未成工事支出金として処理し決算を終わらせました。

過日の税務調査において、未成工事支出金の計算に誤りがあると指摘を受けました。

失敗のポイント

JV工事であること、また、下請け工事であることなどから、直接経費のみを未成工事支出金として経理したことが失敗の原因です。

JV工事であっても、またJVからの下請け工事であっても、工事に係る間接経費、いわゆる共通費があるはずです。税務調査において、直接経費のみの計上であった点の指摘を受け、共通費の配賦をしておかなかったことが問題でした。

正しい対応

間接費とは、いろいろな工事にかかわる共通経費のことをいいます。たとえば各工事現場で共通に使っている倉庫の維持経費、現場を監督する技術者の人件費など多様なものがあります。

建設業経理においては、完成工事および未成工事に係る共通の経費を決算時点において、必ず合理的に按分して配賦することが求められます。

一般的には、共通する経費を各月の工事ごとの実績に応じて（現場の人件費の比率等で按分していることが多い）配賦します。

工事を完成するまでは、どの現場でも直接要した材料費、人件費、外注費とその他の経費があり、付加するものとしても間接費であ

る共通経費の配賦額があるということになります。決算時点において、完成工事に係る共通経費は、完成工事原価に振替えられ、工事の損益の把握が可能となります。

一方、決算時点において完成していない工事に対する共通経費は、完成工事原価としての計上は行われません。

[ポイント解説]

会社によっては、毎月の間接費の配賦ではなく、決算時点の未完成の工事について、直接要した材料費、労務費、外注費、その他の経費と、共通経費の未成工事への合理的な按分をしたものを、決算処理以前に原価等の経費処理したものの戻入額（戻し額）として経理処理する方法もあります。

毎月の処理、または決算時の処理、いずれにしても、完成していない工事に係る間接費は合理的に見積もり計上して未成工事支出金を算定します。

現場監督の人件費を例に解説すれば、現場監督は毎月、いろいろな現場の工事の監督をして、給与等の支給を受けています。経理において、労務費等の経費処理をしていた場合には、決算時点において未成工事に係る現場監督の人件費相当分は、労務費の戻入としなければなりません。

▶税理士からのポイント

建設業の税務調査で指摘されるものの多くは、完成工事の計上時期による正しい課税所得の把握と、未成工事に係る共通経費の未計上また過少計上額の問題です。現場監督を技術者として一般管理費項目の給与等で処理をしていたが、間接費として未成工事に係る人件費相当額を計算して修正申告を慫慂されるケースがありますので注意してください。

事例 40

JV構成員の連帯債務

当社（A社幹事社構成比70％）は、同業B社（サブ社構成比30％）とJV（建設共同企業体）を組んで、大型工事を受注し工事を行っています。

工事は、A社施工分とB社施工分を分けて行っていました。先日、B社の工事現場で、作業員の不注意から工事材料が落下し、下に止めてあった車両の物損事故を起こしました。B社社員による、B社施工現場でのことでしたので、賠償を含む事故対応はB社に一任しました。

ところが、本日、被害者から当社（A社）に損害賠償請求がありました。

当社（A社）は、どのように対応すればいいでしょうか？　当社にも、賠償責任は生じるのでしょうか？

失敗のポイント

そもそもＪＶ（共同事業体）は、共同して作業をするためのものであり、その作業から生じた事故であれば、第一義的には共同事業体が責任を負うものです。しかしながら、共同事業体は、「民法上の組合」であり法人格はありませんので、実質的には、共同事業体の構成員であるＡ社とＢ社が共同して（連帯して）責任を負うことになります。

事故の被害者が、Ａ社に賠償請求したのは、工事の幹事社がＡ社だったからだと思われます。Ｂ社との打合せで事故の対応はＢ社が行うと決めても、被害者には関係ないことで、共同事業体の責任であり、構成員であるＡ社にも当然賠償責任はあります。

正しい対応

共同事業体の工事での事故であることから、Ａ社も被害者に対して、Ｂ社と共同して責任があります。事故発生後、Ａ社の責任者とＢ社の責任者がそれぞれ真摯な対応をすべきです。被害者に対して、事故の最終責任はＡ社とＢ社が共同して責任を負いますが、事故の具体的な対応はＢ社または損害

保険会社があたることの了解をとるべきだったと思われます。

また、共同事業体の事故であっても、構成員の今後の入札資格などに制限がかかることが予想されます。自社のみならずパートナーであるB社社員にも、無事故で工事を進めるよう徹底してください。

[ポイント解説]

被害者と共同事業体が、損害賠償額について合意をした場合、その費用負担は、原則としては、構成比（A社70%、B社30%）で負担します。しかしながら、事故の原因（B社社員の過失の程度）等を総合勘案して、両当事者の合意、またB社が全額負担することに合理的な理由がある場合には、全額B社の負担としたとしても、課税当局もその処理を認めるものと思いますが、税務トラブルをさける意味からいっても、A社とB社との間で「損害賠償に関する合意書」等の事故の経緯と負担額の合意が立証できる文書の取り交しおよび保管が重要となります。

▶税理士からのポイント

JV（共同事業体）の工事については、施工方式も含めてさまざまな方法があります。経理処理の正確さも重要ですが、対外的な法務また、事故に対応する工事保険や労災保険については、不備のないように注意が必要です。

事例 41

ペーパーJVの構成員に対する分配金

当社（A社）は建設業を営んでいる中小企業です。今回、B社とJV（建設共同企業体）を組んで、大型工事を受注しました。

この工事は、学校の大規模耐震工事で、当社が以前に施工を行ったもので当社が単独で受注予定でしたが、発注者の入札条件でJVでの受注となったものです。当社としては、契約はJVで行うものの、工事のすべてを当社で行い、B社には工事完了後、JV構成比（A社70%、B社30%）に応じた利益の分配を行いました。

後日、税務調査があり、当社がB社に支払った分配金について、交際費ではないかとの指摘を受けました。

失敗のポイント

形式的には、JV工事であっても、構成員であるB社の工事への関与がなかったことから、税務調査において名義料等のお礼として交際費の扱いになる可能性が強い事例です。

正しい対応

JV会計については、A社がすべての入金を取り扱い、また支払いもすべてA社が行い、工事完了後、構成比に応じて分配することは可能です。今回のケースはA社において70%の売上および売上原価の計上があり、B社においては同様に30%の計上された帳簿になります。

しかしながら、現場監督の派遣もなく、実際の工事にB社がまったく関与していない場合などには「ペーパーJV」と判断され、工事の談合金と同様にB社に支払った分配金が、税務調査等で「交際費」とみなされる可能性があります。B社とよく打ち合わせをして、工事実態等の検討をすべきでした。

[ポイント解説]

B社にとっては、分配金が「交際費」となるかどうか、本来の工事利益になるかは、法人税法上「収益」であることに変わりはなく影響は少ないと思いますが、A社にとっては、正常な取引となるか「交際費」となるかによって、法人税法上の課税所得に大きな影響が生じます。

JV（建設共同体）は、共同して事業を行い、責任も共同して負います。当然のこととして工事からの利益も構成比に応じて、共同で享受します。

事例のように、実態が「ペーパーJV」と判断されるようなものでも、B社は工事完了までのすべての責任（前項でとりあげたような工事途中の事故等の賠償責任を含めて）を負っているのであるから、何らかの利益（分配金）があって当然である、という考え方もあります。しかし、工事等で何ら事故がなく結果として、B社が契約以外何ら業務を行っていない場合、課税当局が「交際費」であるという可能性は否定できません。

実務的には、発注者側からJVの実態がないという指摘を受けるリスク、ペーパーJVとして交際費課税を受けるリスク等を避ける目的等で、現場監督の派遣や、工事事務所の賃貸借、または小工事の一部を行い、実態をつけるケースが一般的です。

▶税理士からのポイント

JV工事は、一般的に大型の工事が対象であり、工期も長期間にわたります。また、構成員も2社と限らず3社のようなケースも見受けられます。

よって、幹事社（メイン社）が主導して、他の構成員（サブ社）の協力を得て、税務上の誤解を招かないように、帳簿組織また人員構成などをしっかりしてください。

特に、消費税の取り扱いは、細心の注意をはらって処理をしなければなりません。

事例 42

契約書の写しと印紙税

弊社は民間の建築を行う建設業者です。昨今のマイホームやリフォームの需要に乗って、コツコツと契約を取り年商15億円程度まで大きくすることができました。最近は震災やオリンピックなどの影響で、全体的に建築コストが膨らんできていることを考え、経費削減を行い、少しでも利益を出そうと日々頑張っております。

そんな中、契約書の印紙について、写しには貼らなくてよいと同業者から情報を得たので、弊社でも取り入れることにしました。新しく受注した契約書について、発注者の契約書を原本とし、弊社で保管する契約書を写しとして作成しました。よって自社分については印紙を貼らないのですが、念のため契約当事者である発注者および弊社の署名押印をしたものを保管しました。

後日、税務調査で指摘を受け、当初の印紙税の額の3倍に相当する過怠税を納付しました。

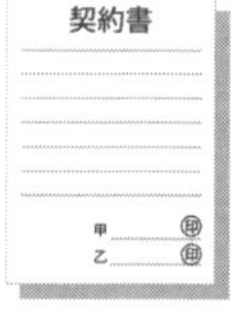

失敗のポイント

今回の失敗については、すべての工程で何事もなく受注した内容を全うし、引き渡しが完了すれば問題ないように感じますが、税務的な観点からはアウトとなります。印紙税法上の課税対象として、「契約当事者の双方又は文書の所持者以外の一方の署名又は押印があるもの」と規定されているからです。よって、自社分の控えとして印紙を貼らず、念のためにとはいえ契約当事者である発注者および自社の署名押印をした契約書を保管したことが失敗のポイントとなります。

正しい対応

印紙を効率よく使用し節税することは当然の権利ですし、また無駄を省き費用の削減に努めることは会社経営の観点からみても非常に良いことと思います。

しかし、今回の失敗のポイントが自社分の控えについて印紙を貼らず、契約当事者である発注者および自社の署名押印をしたものを保管した事であるため、正しい処理として単純に考えれば、直接署名押印は行わないことと署名押印を行った後の契約書を複写し保管することが重要となります。

[ポイント解説]

契約書にまつわる印紙税法上の規定は以下の通りとなります。

契約書は、契約の当事者がそれぞれ相手方当事者などに対して成立した契約の内容を証明するために作られますから、各契約当事者が1通ずつ所持するのが一般的です。この場合、契約当事者の一方が所持するものに正本又は原本と表示し、他方が所持するものに写し、副本、謄本などと表示することがあります。しかし、写し、副本、謄本などと表示された文書であっても、おおむね次のような形態のものは、契約の成立を証明する目的で作成されたことが文書上明らかですから、印紙税の課税対象になります。

①契約当事者の双方又は文書の所持者以外の一方の署名又は押印があるもの。

②正本などと相違ないこと、又は写し、副本、謄本等であることなどの契約当事者の証明のあるもの。

なお、所持する文書に自分の印鑑だけを押したものは、契約の相手方当事者に対して証明の用をなさないものですから、課税対象とはなりません。また、契約書の正本を複写機でコピーしただけのもので、上記のような署名若しくは押印又は証明のないものは、単なる写しにすぎませんから、課税対象とはなりません。

このように、印紙税は、契約の成立を証明する目的で作成された文書を課税対象とするものですから、一つの契約について2通以上の文書が作成された場合であっても、その全部の文書がそれぞれ契約の成立を証明する目的で作成されたものであれば、すべて印紙税の課税対象となります。

見方を変えますと、契約書の写しが課税文書に該当しないようにするには、次の2点が重要なポイントになります。

①契約書の上から署名や押印をしないこと。

②「この契約の証として本契約書一通を作成して乙がこれを保有し、甲はこの写し（コピー）を保有することについて、甲乙双方が確認した」等の文章を契約書内に入れること。

▶税理士からのポイント

次に法務的な観点での問題点として、契約の成立が裁判で争われた場合には、「写し」は「原本」よりも証拠としての価値が低いといった判断をされる可能性もあるということです。そのため、自社が「写し」を持つことでよいかは慎重に検討する必要があります。

事例43

設立時に名前を借りた株主からの株式買取請求

バブル経済時に勤めていた建設会社を辞め、一念発起で建設業の法人を自分で立ち上げました。その後のバブル崩壊やリーマンショックなど、苦難の時代も何とか潜り抜け、おかげさまで地元では名が通るほどの企業に成長することができました。今期もアベノミクスやオリンピック誘致の影響で今のところ順調に推移しております。

そんな折、以前勤めていた建設会社の同僚のご子息と名乗る方が突然いらっしゃいました。すっかり縁遠くなっていたのですが、面影もあり何か困っていることがあるのなら手助けでもしてあげようと軽い気持ちで接見しました。

ご子息が話された内容については以下の通りですが、私は耳を疑いました。

「数ヶ月前に父が他界しました。生前は、父が大変お世話になりました。ところで父の遺品を整理していたところ、御社の株を少し持っていた様です。つきましては適正な価額で買い取って頂きたいと思い訪問させて頂きました」。

確かに元同僚には、私が法人を立ち上げた時に株主として名義を借りましたが、実際に資本金を払い込んだのは私だけであり、元同僚からは一切の資金提供を受けておりません。

また、ご子息をはじめ遺族が、設立当時の経緯を元同僚から聞いていないこともあり、当社の株主であることすら知らなかったということです。今さら当時のいきさつを話しても問題がこじれそうですし、助けてもらった恩もあることから顧問税理士と相談し、元同僚の株を買い取ることにしました。

これが思わぬ出費となり、新たな設備投資を延期せざるをえませんでした。

失敗のポイント

平成２年以前に設立した法人については設立時に７人以上（スムーズに会社を設立するためには８人以上）の株主が必要とされていました。しかし、小さな会社の場合、今回のように株主全員にお金を出してもらうのではなく、お金を出すのはオーナーのみで、他の株主からは名義だけを借りる（名義株）ということがよく行われていました。

実態に合わない名義株は早急に整理するべきでしたが、それを怠っていたことが、今回の失敗のポイントです。

正しい対応

名義株は、できるだけ早い段階で本来の株主の名義に戻しておくことが肝心です。

株主名簿を見て、名義株があった場合には早急に手続きを行ってください。株主は法人税申告書の別表2にも記載されています。

[ポイント解説]

平成2年以前に設立した会社には「名義株」がある可能性があります。私たちの事務所では、名義株を使って設立した法人があれば、名義を借りた人に対して念書を取るように指導してきました。内容は「私は名義を貸しただけで真の株主ではない。いつでも名義を戻せと言われれば、これに応じる」といったものです。

こうした念書を取っている法人でしたら若干安心ですが、今回の様に現在に至るまで放置してしまうことも少なくありません。特に、名義を貸した人が先に亡くなってしまうような場合には、トラブルになりがちです。

設立当時の名義を貸すことは頻繁に行われていましたから、軽い気持ちで名義を貸しても、家族に相談や報告をしないことが多いのです。また、名前を貸しただけだから、と気軽に考えているため、株主であることそのものを本人が忘れていることもあります。

ご遺族の方にとっては、どのような経緯で株主になったのか知らされることなく、相続財産として突然、上場もしていない会社の株式が出てきた、ということになりますので、当然の権利として「買い取って下さい」と来るわけです。

ですから、名義を貸したご本人が事情を覚えているうちに本来の名義に戻すよう、手続きを取ることが重要です。本来の名義とは実際にお金を払い込んだ人、つまり多くの場合、創業オーナーの名義です。(税務署も、設立時に全額払い込んだのは設立オーナーであろうことは、うすうすわかっています。) そうなると、創業オーナーの相続財産は増加します。だからといって、創業オーナーの子供 (後継者) などの名義に変えると、贈与の問題が出てきます。

創業オーナー以外の名義に変える場合は、しっかりした証拠がないと、贈与の疑いをかけられる可能性が高いので、注意して下さい。

会社設立から20年以上経過しているような場合では、人間関係が疎遠になっている、あるいは不仲になっているということもあります。これは名義株だ、いや名義株ではない、という争いが起きることもあります。(一代目の問題が発覚し、二代目になっても係争中、ということもあります。)

名義株の整理は、とてもデリケートな問題でもあるのです。

▶税理士からのポイント

［安易な株式分散も危険］

ここからの話は平成3年以降に法人を設立した方にも大いに関係のある話です。

よく、「仕入先に株式を持たせている」という会社があります。仕入先ですから、商売上はこちらのほうが優位にあるわけで、あるいは安定株主という意味合いで持たせているのかもしれません。

しかし、仕入先に持たせている株式は早急に整理をするなり、他の対処法を考えるほうが良いと思います。万が一、その仕入先が倒産でもした場合、困った問題が起こるからです。

ある会社の株式を仕入先が保有しており、その仕入先が倒産したときの実例があります。仕入先の破産管財人である弁護士から、その会社に対して株式を買い取って欲しい、という話がきたのです。その会社は「相続税評価額で買い取ります」と言ったのですが、弁護士からは「何を寝ぼけたことを言っているのだ」と一喝され、結局時価の半額（相続税評価額よりずっと高い価額）で買い取らざるを得なかった、という話です。

安易に株式を分散させ、思わぬ結果を招くことがありますので、株主を誰にするのかは、真剣に考えるべき課題なのです。

事例44

後継者が決まり自社株式を贈与する

建設業を営むCと申します。私には妻と２人の子どもがおり、長男・次男ともに会社に従事してくれています。最近では、息子たちが前線で活躍してくれておりますので、会社の業績は顕著に伸びております。

この度、私が70歳を迎えたことから、会社の件で家族会議を行い、事業については長男に継いでもらうことになりました。私が所有する株式（自社株式・社長の私が100％保有）について段階的に、贈与税の非課税枠（110万円）を利用して贈与をしていきたいと考えております。

この旨、顧問税理士に相談したところ、「現在は業績が顕著に伸びているため、御社の株価は相当高騰しております。これから非課税枠内で贈与を行うと100年はかかりますよ」と指摘されました。

失敗のポイント

最近は建設不況の中、ご子息２人とも事業に携わっており業績も顕著に伸びているとのことで、非常にいいことと思います。贈与税は払わずに事業承継を行いたいという気持ちも非常にわかります。

しかし､業績が顕著に伸びている中､贈与を行う際は贈与税の基礎となる株価が高額になりがちです。また、親子間で多額の贈与をすると､(いずれ相続人になる予定の) 他の家族の遺留分を侵害する場合などの問題があります。

後継者への株式の移転は、金額やタイミングを見計らって､｢気づいた時から始める｣必要があります。

正しい対応

これにはいくつかの方法が考えられます。

①Ｃさんには役員退職金を受け取って退任してもらい、新たに長男を社長にする。

これにより、会社の利益を押し下げ、株価を一時的に下げることができます。この株価が下がった時、長男に自社株式を贈与する方法です。

②贈与金額が多額になるようでしたら、贈与ではなく売買により自社株式を取得させることも考慮してください。また、「遺留分に関する民法の特例制度」が使えるようならば検討してください。

[ポイント解説]

①役員退職金の支払と株価の関係

役員退職金の支払いによって、株価にどのような影響がでるのか、実際に数値を使った例でみてみましょう（相続税法上の評価は大会社を前提とします）。

業種	建設業
売上	100億円
申告所得	7億円
自己資本	40億円
資本金	8,000万円（発行済株式数16,000株）
配当	10％

社長の月額報酬　300万円（社長在籍年数36年）

まず、現社長のCさんに対してどのくらい、役員退職金を支払えるのかを計算します。算式は以下の通りです。

最終報酬月額×役員在籍年数×功績倍率
300万円×36年×3＝約3億2,000万円

ちなみに、功績倍率は、退職した役員が、会社においてどのような地位にあったのかによって大きく変わってきます。創業オーナーの場合、大体3倍くらいまでは税務署も認めてくれるようです。

計算すると、Cさんが受け取れる退職金は約3億2,000万円（3.2億円）になります。

次に、もし3.2億円の退職金を支払ったとすると、会社の決算は次のように変わります。

申告所得	7億円	→	3.8億円
自己資本	40億円	→	41.9億円
配当	10％	→	0％

所得金額は単純に役員退職金額分が減ります。自己資本額は、申告所得から税金を引いた当期純利益が自己資本にプラスされます。申告所得が約3.8億円だとして、おおよそ半分程度を税金と考えると、退職所得支払い後の自己資本は約1.9億円しか増えないことになります。配当も株価対策を意識してゼロにしてみます。

［退職金を支給しなかった場合］…… 一株あたり約20万円
［退職金を支給した場合］…………… 一株あたり約12万円

こうしたシミュレーションの結果、株価計算式については省略しますが、退職金を支給しなかった場合の1株あたりの株価は約20万円、退職金を支給した場合は約12万円となりました。株価が4割も下がったわけです。

この株価の下落は、役員退職金を支払ったことによる一時的なものです。次の期になると株価は元に戻る可能性が高いので、株価を引き下げた事業年度の翌期には、必ず株式の移動を行うようにして下さい。

②遺留分に関する民法の特例制度

もし、長男に全株を贈与すると、約12万円×16,000株＝約19.2億円となります。金額が大きいため、贈与ではなく売買のほうが良いという考え方もあります。19.2億円の約半分に贈与税がかかる、という税金面の問題ももちろんありますが、もう一つの問題として、あまりたくさん贈与しすぎると、他の相続人の遺留分を侵害しかねない、という問題があるのです。

遺言がなく、相続財産を相続人同士で分ける場合には、原則として生前に贈与された財産を相続財産に合算したうえで、法定相続割合に基づいて相続分を計算することになっています。ですから、ご長男に自社株式を相続させたいのであれば、遺言を書くことは必須になります。

さらに、遺留分についても注意しなければなりません。Cさんにはご子息が2人と配偶者の方がいらっしゃいます。法定相続分は、配偶者の方が1／2、ご子息様方がそれぞれ1／4となります。遺留分は法定相続分の半分ですから配偶者の方が1／4、ご子息様方は1／8です。長男以外の法定相続人の遺留分をあわせると3／8、ほぼ半分近くになります。

Cさんに自社株式以外の資産がある場合には、それらの資産をご長男以外の法定相続人に相続してもらえればいいのですが、めぼしい資産が自社株式以外にない場合、全株式を長男に贈与してしまうと、他の相続人が遺留分を求めて話が難しくなる、といった問題も起きかねません。

こうした問題を回避するために、あえて長男とは贈与ではなく売買取引を行うということもひとつの手段として考えるべきなのです。(売買ならば対価を払って取得するのでこのような相続の問題は回避できます)

また、中小企業の事業承継の円滑化を図るために、遺留分についての民法特例制度が創設され、平成21年3月から施行されています。

この制度は、一定の要件をクリアした中小企業の後継者が、遺留分権利者全員の合意を得た上で一定の手続きを踏むことにより、

・後継者が先代の経営者から贈与を受けた株式を、遺留分の算定の基礎となる財産に合算しない事ができる。

・後継者が先代の経営者から贈与を受けた株式について、遺留分の算定の基礎となる財産に持ち戻すことが出来る。

とするものです。(オプションでプラスアルファの取り決めをすることも出来ます)

この特例を受けるための要件は、以下のとおりです。

対象法人	3年以上継続して事業を行っている中小企業者(注1)
対象となる後継者	・先代の経営者の推定相続人(先代の経営者の兄弟姉妹およびその子を除く)であること。 ・議決権の過半数を有し、かつ、合意の対象とする株式を加えないと、議決権の過半数を確保できないこと。 ・その会社の代表者であること。
手続き方法	①遺留分権利者全員の合意を得ると同時に、合意書を作成する。(注2) ②その合意日から1ヶ月以内に経済産業大臣に申請して確認を受ける。 ③その確認日から1ヶ月以内に、家庭裁判所に申立をして許可を受ける。 ※この特例制度の施行日前に行われた贈与についても、このような手続きを踏めば適用を受けることができる。
合意の効力が消滅するとき	・経済産業大臣の確認が取り消されたとき。 ・先代の経営者の生存中に、後継者が死亡したとき。 ・再婚、出産、養子縁組等により、新たな遺留分権利者が加わったとき

注1: 建設業の場合は、資本金3億円以下または従業員300人以下で、資本金か従業員数のいずれかの基準を満たしている法人であること。

注2: 合意書には

・後継者が合意の対象とした株式を処分した場合

・先代の経営者の生存中に後継者が代表者を辞任した場合に、非後継者が取ることができる措置を定めなければなりません。

Cさんの会社は資本金が80百万円であるため、この特例を検討することも、スムーズな事業承継に向けての第一歩になるかと思います。

▶税理士からのポイント

いわゆる「事業承継」については、現在多くの経営者の方が悩まれているかと思います。今回の事例では一旦赤字にすることで、自己株式の評価額を下げることを前提にした失敗例の紹介をしましたが、建設業、特に公共工事を中心に行っている会社については経営事項審査も気になり、なかなか株価対策が行えないという方も多いのではないでしょうか。経営事項審査と株価対策は、まさに対極に位置した話ですので、顧問の税理士と綿密に打合せを行い、同地域の同業種の総合評点値(P点)を照らしあわせた上で、事業継続に問題のない範囲で純資産価格を低くすることが必要になります。

事例45

建設業の税務調査について

当社は、民間工事を専門とする建設業者です。今回、共同企業体（以下、JV工事）で、工期１年半・請負総額１２億円の工事を受注しました。当社の分配割合は請負金額のうち１億円です。また、今回の工事については、残念ながら、資材価格や労働単価の大幅な高騰で当初見積よりも原価が嵩んでしまい、赤字工事となることが決定しております。

	×１年度	**×２年度（予想値）**
工事収益総額	10,000	10,000
過年度に発生した工事原価	—	5,200
当期に発生した工事原価	5,200	5,200
完成までに要する工事原価	5,200	—
工事原価総額	10,400	10,400
工事利益（損失△）	△400	△400
決算日における工事進捗度	50%	50%

当社では通常「工事完成基準」（工期２年以上の長期工事についても）により収益認識しておりま

した。今般JV工事については合計の請負金額が10億円を超え、工期が1年を超えることから「長期大規模工事」に該当するものとして、「工事進行基準」により損失申告をしておりました。

この度税務調査があり、このJV工事について、当社が通常行っている「工事完成基準」での損失（収益）認識を行うように指導を受けました。

失敗のポイント

長期大規模工事の強制適用にはいくつかの条件が有ります。

①工事期間が1年以上
②請負金額が10億円以上
③請負金額の1/2以上が、引渡日の1年経過後に支払われることが定められていないこと

税務調査での指摘は上に掲げた3つの要件の内、請負金額が10億円を超えていないことでの指摘であると考えられます。JV工事の場合、構成員ごとの契約によって成立し、又、利益・損失等がJV事業から各構成員に直接帰属されるものである場合、長期大規模工事であるか否かの判定は分配される請負金額によるところとなります。

正しい対応

　建設業会計において、工事進行基準と工事完成基準の適用については様々な規定がありますが、１年未満かつ１０億円未満の工事については原則工事完成基準での収益計上となります（継続適用を要件に工事進行基準が認められる場合もあります）。

　今回の工事については、１０億円未満の工事として指摘を受けたわけですが、契約全体で１つの工事を請け負ったと認められる場合は契約全体の金額で判定することとなります。これは契約ごとに判定することになりますが、複数の契約書により締結されている場合であっても、契約に至った事情等から見ることになりますので、ＪＶ工事の請負時には特に注意しての対応が必要となります。

［ポイント解説］

　請負工事の収益計上基準は法人税基本通達2-1-5により、次のように規定されております。

「請負による収益の額は、別に定めるものを除き、物の引渡しを要する請負契約にあってはその目的物の全部を完成して相手方に引渡した日、物の引渡しを要しない請負契約にあってはその約した役務の全部を完了した日の属する事業年度の益金の額に算入する」

つまり、工事請負については完成時に収益計上が原則となっておりますが、ここで「別に定めるものを除き」とあります。これは次の各基準を指します。

①部分完成基準

1つの契約により同種の建設工事等を多量に請け負った場合で、その引渡量に従い工事代金を収受する旨の特約又は習慣がある場合、例えば、建売住宅の建築を請け負い、全戸が完成しなくても完成した戸数のみを引き渡し、その部分の請負金額に相当する代金の支払いが行われるような場合。つまり、部分完成基準の要件は目的物の引き渡しと工事代金の請求とが同時に行われることである。

ただし、工事進行基準を適用する長期大規模工事に該当する場合は、強制適用となるため、部分完成基準での適用は出来ない。

②延払基準

長期割賦販売等に該当する工事の請け負いをした場合に、その収益額および費用の額につき、工事の引き渡しの日の属する事業年度以後の各事業年度の確定した決算において政令で定める延払基準で経理したときは、その経理した収益及び費用の額はその事業年度の益金の額及び損金の額に算入する、と規定しており、「算入する」は、その趣旨からいって参入できる、と解されます。

条件は以下の通り。

①3回以上に分割した賦払い(月賦、年賦)を受けること

②請け負いの目的物の引渡期日の翌日から最後の賦払金の支払期日までの期間が2年以上あること

③その契約に定められている請け負いの目的物の引渡しの期日までに支払期日の到来する賦払金の合計額が請負金額の3分の2以下となっていること

図解すると次のような場合となります。

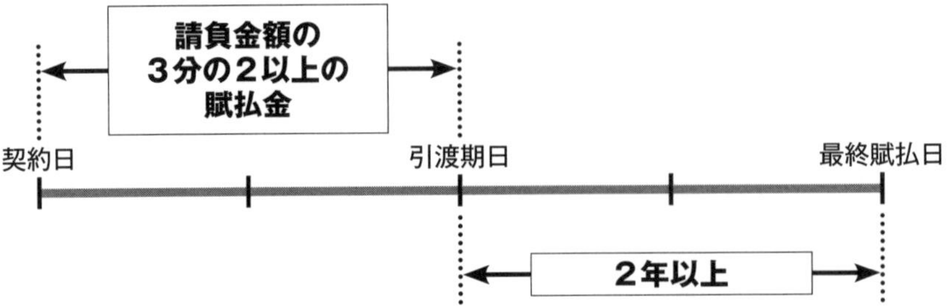

また、政令で定める延払基準による収益及び原価の計上方法は、次のようになります。

当期に計上すべき収益＝請負工事の対価の額×賦払金割合

当期に計上すべき原価＝請負工事の原価の額×賦払金割合

$$\text{賦払金割合}=\frac{\text{対価の額の賦払金のうち当期に支払期日の到来した合計額}}{\text{請負工事の対価の額}}$$

③工事進行基準

工事進行基準については「失敗のポイント」にも書いたように、3要件を備えていることで強制適用となりますが、継続適用を要件とし、長期（1年以上）請負工事に関しても選択適用が可能となります。

工事進行基準での収益及び原価の計上方法は次の通りとなります。

当期工事収益

＝予想工事請負金額×工事進行割合－前事業年度までに計上した収益

当期工事原価

＝予想工事原価×工事進行割合－前事業年度までに支出した原価

工事進行割合

＝当期までに発生した原価÷予想工事原価

また、工事進行基準については今回のように損失が見込まれる工事も含まれますが、翌年以降に見込まれる分の損失を工事損失引当金として会計上計上したとしても、確定債務ではありませんので、法人税法上の経費としては認められません。

事例46

労働保険・社会保険の加入について

3年前に昔ながらの大工仲間と法人成りし、日当工事を受注しているAと申します。

今年に入り行政書士から建設業許可の話をされ、今後は公共性のある大規模工事も受けたいと考えていたことから、許可申請をお願いしました。手続きも進んでいたところで行政書士より「社会保険に加入していないのでしょうか」と問い合わせがありました。これまでは、社会保険に加入すると、従業員から手取り額が減るといわれ加入しておりませんでしたので、その旨行政書士に伝えたところ、「法人では、社会保険には必ず加入しなければなりません。また、経営事項審査での評価点数が大幅に減少します」との指摘を受けました。

失敗のポイント

会社の場合は、労働保険と社会保険は、任意加入ではなく強制加入です。

労働保険とは、「労災保険」と「雇用保険」の総称で、「労災保険」は従業員が業務上で事故や災害にあった場合に、その従業員や遺族に補償をするもので、「雇用保険」は従業員が失業した場合に失業保険を受けることができ、また要件を満たすと各種助成金を受けることもできます。労働者（パート・アルバイトを含む）を一人でも雇っている場合には、労働保険に加入する義務があります。

また、社会保険とは「健康保険」、「厚生年金」及び「介護保険（40歳以上65歳未満）」を言い、会社に一人でも勤務しているのならば原則は、加入しなければなりません。会社に社長一人しかいない場合でも、社会保険に加入する義務があります。

ちなみに、建設業では「労働保険」、「健康保険」及び「厚生年金」を併せて「3保険」と呼びます。この3保険については近年経営事項審査での減点幅が拡大されております。

正しい
処理

1.労働保険に加入するには

労災保険

対象者	正社員、アルバイト等の形態にかかわらず、労働の対価として賃金を受ける全ての従業員
提出先	管轄の労働基準監督署
必要書類	労働保険概算保険料申告書 保険関係成立届
期限	保険関係が成立した日から10日以内
保険負担	全額会社負担

雇用保険

対象者	1週間の所定労働時間が20時間以上であり、31日以上の雇用見込がある従業員
提出先	管轄の公共職業安定所(ハローワーク)
必要書類	雇用保険適用事業所設置届 雇用保険被保険者資格取得届
期限	設置の日から10日以内
保険負担	一般には、会社負担が9.5/1,000、従業員負担が6.0/1,000

労働保険は、会社に勤めているのが役員(使用人兼務役員を除く)だけであれば加入義務はありません。

労災保険の加入手続きは「管轄の労働基準監督署」、雇用保険の加入手続きは、「管轄の公共職業安定所(ハローワーク)」と手続きの

場所が異なり、まず労災保険の手続きが完了してから、雇用保険の手続きをします。

2. 社会保険に加入するには

対象者	役員、正社員の他、パート、アルバイトの場合には、所定の労働時間（1日あたりかつ、1ヶ月あたり）が正社員の4分の3以上である場合
提出先	管轄の社会保険事業所 健康保険・厚生年金保険新規適用届 新規適用事業所現況書
必要書類	健康保険・厚生年金保険被保険者資格取得届 健康保険被扶養者（異動）届
期限	資格取得日から原則5日以内（入社したとき）
保険負担	労使折半

3. 経営事項審査における保険未加入時の減点早見表

［従前の減点］

雇用保険	30点減点
健康保険 厚生年金保険	30点減点

［改正後の減点］

雇用保険	40点減点
健康保険	40点減点
厚生年金保険	40点減点

[ポイント解説]

昨今の経済情勢から、建設業の受注量の減少に伴い、企業が生き残るために従業員をいわゆる一人親方として独立させるケースも多くなってきております。企業が生き残るため、経費負担を一人親方に寄せたり、経験年数の浅いものを解雇にし、非自発的に一人親方になったというケースもあります。また、この場合には社会保険の未加入問題も多く指摘されるのが実態としてあります。

現在の建設業を取り巻く環境から、一人親方は貴重な存在です。しかしながら、一人親方として必ずしも業務請負になるとは限らず、場合によっては労働者とみなされることもあります。通常、一人親方として個人事業を営んでいる場合には、個人で社会保険に加入しなければなりません。先に申し上げたとおり、形式上一人親方として業務請負になった、という方も多いことから、実際には現場での指揮監督を受けて働いている、労働者として判断される場合があります。そのような場合には社会保険の被保険者として加入が必要となりますので、注意が必要です。

事例47

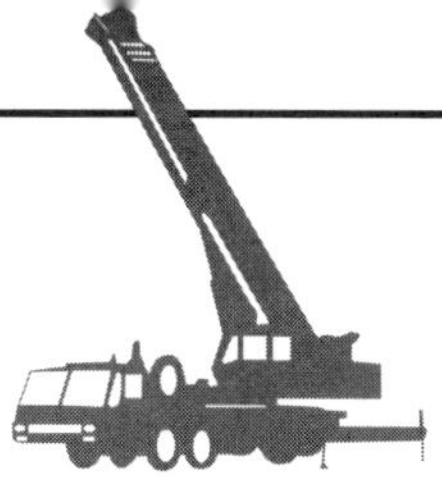

会社に集合し建設現場に向かう場合の移動時間が労働時間に該当するか

建設会社を経営しています。作業員は、会社に集合してマイクロバスで向かうことがよくあります。往復に30分から1時間ほどかかる場合があります。現場についてからの時間を労働時間として考えていたのですが、従業員からは移動の時間も労働時間に含めるべきではないかとの意見がありました。朝集合してから、作業員は会社にある道具を車に運び込む作業をしていました。

失敗のポイント

移動中の時間も、打ち合わせや作業準備が行われる場合には、使用者の指揮命令下にあるとみなされ、労働時間となります。

正しい対応

今回のケースで、移動時間を労働時間としないためには、会社への集合を義務としないことが必要です。直接現場へ行ってもいいということにすると、使用者の指揮命令はなかったとみなされる可能性が高まります。会社に集まって、会社の車で移動しても、それは労働時間とはならず、通勤の一環として扱うことができます。移動中も打ち合わせや作業準備を行わせる場合には、使用者の指揮命令下にあるとみなされ、労働時間に該当するので、注意が必要です。

[ポイント解説]

移動時間については大まかに2つの考え方があります。

①移動時間は通勤時間と同じ性質のものであり労働時間ではないとする考え方

②移動中も事業主の指揮命令下にある拘束時間であり労働時間であるとする考え方

通勤の延長としての意味しか持たない移動時間の場合には、労働基準法上の労働時間にはなりません。現場へ行くときの集合時刻が極端に早い場合でも、その時間は労働基準法上賃金の支払義務は発生しません。しかしながら、就業場所が社会通念上、著しく遠いような場合には、労働者が通常の場合よりも自由時間を犠牲にすることになってしまいます。近場で作業する他の従業員との不均衡も発生しますので、なんらかの形で公平化を図ることが必要になるでしょう。
※ただし、車両の運転を担当する者については運転自体が業務であり労働時間となるので、当然賃金が発生することになります。

出勤から帰社までの時間を通算して賃金を算定するのが適当でないとすれば、手当として処理する方法が考えられます。金額の算定は、現場までの時間、あるいは距離を合理的基準とすればよいでしょう。多くの企業は出張の距離や所要時間などに応じて、手当等を支給しています。従業員に対しては手当の性質、支給基準を明示し、理解をえるようにしましょう。

▶税理士からのポイント

労働時間については、会社側でも昨今問題となるケースが少なからずあるかと思います。また、この問題においてよくあるケースが「2年前まで遡られて」、給与の遡及支払を行わなければならないケースです。会社の経営状況もいいとは言えない中、2年分の遡及支払となると会社では相当の負担を強いられることになります。そうならないためにも、実際の労務実態の管理・把握を日頃より行い、考えられるリスクについては事前に専門家に相談しましょう。

事例48

経営事項審査についての解説

20年程前より地方で建設業を経営しているAと申します。地方ですので、公共工事の受注確保は必須です。しかし、ここのところあまり業績がよくないため、経営事項審査（以下、経審）の評点が気になります。公共工事の受注を止めないためにも、総合評定値（P）を上げるためにどうすればいいか、手続きをお願いしている行政書士に聞いたところ「総合評定値を上げることはもちろん大事ですが、まずは地域のライバル業者と比較し、今後の対策を決めましょう」と話をされました。

失敗のポイント

建設不況であった中、事業を継続し続けてきたということは、相当なご苦労があったかと思います。今回、行政書士から指摘を受けた点は、経審に関して、評点の絶対値ではなく相対値を見ていかなければならないということです。Aさんの経営されている会社の業績は現在よくないとのことですが、同じ地域のライバル業者も同じように業績がよくない、

ということが考えられます。

経審は、御存知の通り公共工事を請負う建設業者には非常に関心の高いものです。労働賃金・資材価格の高騰等、建設業を取り巻く環境は厳しい状態が続いております。景気が悪化状況にあれば経審での点数は下がりますし、逆に景気がよくなれば経審の点数が上がることが予測されます。絶対値が上がることは大事ですが、それに振り回されないようにしなければなりません。

正しい対応

公共工事の受注を受け続けるためには自社と競合他社とを比較し、自社のポジション把握、対策の立案・実行が必要となります。具体的には、競合他社の評点を入手し、自社の評点と比較しながら、評点をアップすべき項目をピックアップし実際のシミュレーションを行っていく必要がございます。経審の評点は自治体の格付けにおける客観的評価へ繋がりますので、総合評点を上げたいとはやる気持ちを抑え切れないところではありますが、地道に評点をアップさせていくことが格付けアップに繋がるでしょう。

[ポイント解説]

経営事項審査（以下、経審）は、公共工事の入札・契約制度の中で、企業評価の客観的な基準として、公正かつ実態に即した物差しとしての役割があります。

また、経営事項審査の改正は数年に一度ありますが、これはその時の経済情勢・社会情勢を勘案し細かな点も改正されています。

まずは、各評点について説明します。

（1）完成工事高評点（X1）

評点：397点～2,309点（総合評定値（P）に対しての影響:99～577点）

名称の通り、完成工事高に対しての評点となります。

完成工事高1,000億円で最高点に達しますので、これに達するいわゆる大企業はその他の項目で優劣をつけることとなります。逆に、完成工事高5億円未満の中小企業者は経審受審者の8割超おりますが、評点差がつきやすいのもX1の特徴です。

（2）自己資本額・平均利益額評点（X2）

評点：454～2,280点（総合評定値（P）に対しての影響:68～342点）

自己資本額（X21）と平均利益額（X22）の絶対値での評点となります。計算式は次のとおりです。

自己資本額・平均利益額評点（X2）
＝（自己資本額評点（X21）＋平均利益額評点（X22））÷2

自己資本額は、業種や企業規模を問わず、企業経営の状況を示す上で重要な指標であり、資本金の大きさや利益のストックによる経営状況の安定性を評価するものです。

①自己資本額（X21）

評点361～2,114点

自己資本額が3,000億円を超える場合には最高点になり、債務超過（自己資本額がマイナス）になる場合には0円とみなして審査します。

②平均利益額（X22）

評点547～2,447点

平均利益額には「利払前税引前償却前利益」を用います。
米国発の指標「EBITDA」で、企業の会計基準による影響が少ないことから採用されました。具体的な計算式は次のとおりです。

営業利益＋減価償却実施額

平均利益額が300億円を超える場合には最高点になり、赤字の場合には0円とみなして審査します。

（3）経営状況分析評点（Y）

評点:0～1,595点（総合評定値（P）に対しての影響:0～319点）

企業の経営状況を分析し評価する評点項目で、4要素・8指標が評価の対象となります。

計算式は次の通りです。

経営状況分析評点（Y）＝167.3×経営状況点数＋583

ここでいう、経営状況点数とは、8指標を次の算式にあてはめたものです。

経営状況点数

$$= -0.4650 \times Y1 - 0.0508 \times Y2 + 0.0264 \times Y3 + 0.0277 \times Y4 + 0.0011 \times Y5 + 0.0089 \times Y6 + 0.0818 \times Y7 + 0.0172 \times Y8 + 0.1906$$

Y1からY8については下図のとおりです。

	要素	指標	上限値	下限値
Y1	負債抵抗力	純支払利息比率	5.1%	−0.3%
Y2		負債回転期間	18.0ヶ月	0.9ヶ月
Y3	収益性・効率性	総資本売上総利益率	63.6%	6.5%
Y4		売上高経常利益率	5.1%	−8.5%
Y5	財務健全性	自己資本対固定資産比率	350.0%	−76.5%
Y6		自己資本比率	68.5%	−68.6%
Y7	絶対的力量	営業キャッシュフロー	15億円	−10億円
Y8		利益剰余金	100億円	−3億円

4要素・8指標については、細かな計算式は省きますが、Y指標はそれぞれ指標を複合し計算することで、広く企業の経営状況を分析・評価できるものとなっております。

(4) 技術力評点(Z)

評点：456～2,441(総合評定値(P)に対しての影響：114～610点)

技術職員数評点(Z1)と元請完成工事高評点(Z2)から構成される評点です。計算式は次のとおりとなります。

技術力評点(Z)
＝技術職員数評点(Z1)×4/5＋元請完成工事高評点(Z2)×1/5

企業の技術力と元請けとしてのマネジメント能力を図る評点で、それぞれの審査内容は次のとおりとなります。

①技術職員数評点(Z1)

最高評点2,335点

評点方法は業種別に職員の審査基準日における技術職員数値を計算します。計算式は次のとおりとなります。

技術職員数値＝
1級監理受講者数×6＋1級技術者×5＋基幹技能者数×3＋2級技術者数×2＋その他の技術者数×1

※1人の技術者がそれぞれ他業種で3つ以上の資格を有している場合には、申請できるものは2業種までに制限されており、また、同一業種で2つの資格を有している場合には上位資格のみが有効となります(下位資格は重複カウントできません)。

技術職員数値を出したら、評点テーブルにあてはめ、技術職員数評点を出します。

技術職員数値が15,500点を超えた場合、技術職員数評点の最高評点である2,335点となります。

②元請完成工事高評点（Z2）

最高評点2,865点

発注者から直接請け負った元請完成工事高により計算します。

元請完成工事高が1,000億円を超えると最高点となります。

(5) その他審査項目（社会性等）評点（W）

その他審査項目（社会性等）評点（W）については、企業のコンプライアンス、地域貢献等を評価するもので、近年非常に改正が多い項目でもあります。

細かな評点方法は割愛しますが、現行（2014年）では労働福祉点数・営業継続点数・防災協定点数・法令遵守点数・建設業経理点数・研究開発点数・建設機械保有点数・国際標準化機構登録点数・若年の技術者の育成及び確保の状況を合計したものに10×190/200を乗じたものになります。

以上のように、経審では5評点を計算し、総合評定値（P）として次の計算式を用います。

総合評定値

$$=0.25\times X1+0.15\times X2+0.2\times Y+0.25\times Z+0.15\times W$$

もちろん、経審を意識し、各評点を全て底上げすることは理想ですが、会社ごとに総合的かつ、計画的に評点アップの戦略を練ることが重要です。評点に対策効果が現れやすい項目は技術職員数評点（Z1）やその他審査項目（社会性等）評点（W）です。Aさんの会社でも労働条件の整備や施工管理技士・建設業経理士の資格取得を意識的に進めることで、比較的確実に評点アップが見込めるかと思います。逆に、自己資本額・平均利益額評点（X2）や経営状況分析評点（Y）については一朝一夕での改善は難しいため中長期的な計画を基に改善していくことをお勧めします。

事例 49

完成工事高を増やすため無理な受注をし、かえって経審総合評定値（P）が下がってしまった

来期の公共工事受注額のランクアップを目指し、経審総合評定値（P）に占める割合が0.25と大きく即効性のある完成工事高評点（X1）を上げるため、多少のダンピングをしてでも受注を増やすことに専念してきました。

工事施工過程において、見積価格での材料調達ができず、納品遅れや資材単価のバラつき、工程に合わせた職人の確保ができないことによる工期の遅れ等も重なり、大幅な赤字工事が増えてしまいました。

結果、申請業種によっては経審総合評定値が下がってしまったものも出てしまいました。

失敗のポイント

中長期的営業戦略の観点から受注活動に取り組むことが重要で、無理やりの受注で完成工事高を増やそうとするだけでは、経営のバランスを崩し利益を損なうことにもなりかねません。

工事が終わってみたら大赤字では、財務内容を悪化させ、結果、経営状況分析評点（Y）や自己資本額・平均利益額評点（X2）を下げることにもなるので注意が必要です。

［評点計算式］

経営状況分析評点（Y）８指標のうち

総資本売上総利益率

＝売上総利益／総資本（2期平均）×100

売上総利益を増やすことが評点アップになります。

売上高経常利益率＝経常利益／売上高×100

経常利益を増やすことが評点アップになります。また、売上高を減らせば売上高経常利益率はアップしますが、完成工事高評点（X1）はダウンします。

自己資本額・平均利益額（X2）評点

＝（自己資本額点数＋平均利益額点数）／2

自己資本額点数と平均利益額点数は、それぞれ算出テーブルで計算します。

平均利益額は、営業利益＋減価償却実施額の２期平均値ですので、営業利益を増やすことが評点アップになります。

正しい対応

即効性があると思われる評点配分も、現行の審査では総合的「企業力」を審査する傾向にあることを念頭に置き、ライバル企業の研究・分析および自社の特性を把握することで、財務内容を改善し、利益の出せる競争力を身につけることが大切です。

では「企業力」を高めるには、どうしたらいいでしょう。

それは、売上高を増やすことだけでなく、同時に会社にとって必要な利益を確保することでもあります。

建設業では、他の業種に比べ原価の占める割合が特に高いと言えます。原価管理をしっかりと行い、工事原価の圧縮を優先させることが、営業利益増加に対し、直接的に最も大きい効果が見込まれます。

[ポイント解説]

工事原価圧縮のための原価管理は、各現場責任者に任せておくだけではなく、管理会計の側面から会社としての利益目標を立て、全社全部門の担当者がその目標達成のために取り組まねばならないことです。

積算原価と見積書

工事受注に際し、積算原価は過去のデータや協力業者、材料納入業者からの見積もりを基に、自社の実力で確実に工事が完了できる金額を積み上げたものです。積算原価を厳しく積み上げることで、会社が立てた利益目標をのせ競争力のある見積書を提出することができます。

積算原価が厳しく設定され、実現可能なものであれば、どこまでのダンピングが可能か判断でき、営業力の強さにもつながります。

現場実行予算

工事の受注ができ、請負金額が決まった時点で、工事施工工程表とともに、細部にわたり、より具体的で精度の高い現場実行予算書を作成する必要があります。工程表に合わせ発注計画を起こし、実行予算と実績の管理を常に行わなければならないからです。

現場実行予算書は、請負金額の大小にかかわらず全ての工事において、作成することが肝心です。

購買発注

購買担当者は、協力業者および資機材の発注に際し、価格交渉や工程表の再検討を通して、実行予算を更に圧縮し新たな利益目標を立てることが必要です。

また、価格交渉において、値引き要求ばかりするのではなく、発注先の過去の実績、現在の状況を十分に把握し、相互に信頼を保てる関係作りをすることが、次の工事での自社の財産となります。

そのためには、現場担当者との連絡を密にし、技術力や品質のチェックを欠かさずし、実績情報を積み上げていくようにしましょう。

施工管理

工事開始とともに、現場責任者は、少なくとも月次単位での工事進捗報告書と予算・実績対照表および収支予定報告書を作成し、作業効率の改善とともに実行予算を日常的に管理することで、想定外の事態にいち早く対応できるようになります。

原価管理

経営者は、原価管理意識が社内全体に定着するよう、各部門の業務フローや社内システムを整備し、各部門より収集した実績情報を分析、一元管理することで、常に正確な最新情報として各部門にフィードバックしていくことが必要です。自社の強み弱みを把握して他社との競争力をつけ、新たな利益目標に向かって、常にバランスの取れた「企業力」を高めていく努力が大切です。

事例 50

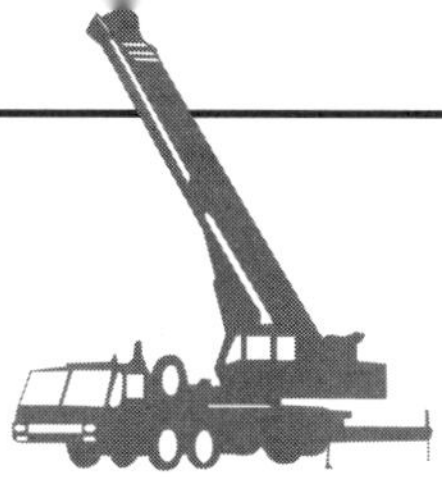

中長期的観点からの技術職員の見直し

技術力評点（Z）は、完成工事高評点（X1）と並んで総合評定値（P）の比重が高いので、有資格者の獲得を進めてきましたが、思うように人材の採用ができず、在職中の技術者には、更に上級資格の取得を目指すよう指示しておりますが、なかなか個々人のモチベーションがあがらず離職者も増えています。技術力評点を上げることが困難な状況です。

失敗のポイント

技術力評点（Z）は、元請完成工事高と技術者の資格種類で決まります。ただし、1人の技術職員が複数の資格を有していても、1人2業種までと評価が制限されていますので、重点を置きたい業種に配分するよう注意が必要です。また、常勤雇用関係が求められるため、審査基準日以前6ヶ月以上在籍している人数で評価されます。

経審で評価される主な資格の種類と評点は次表のとおりです。

資格の種類	1人 当たりの 点数
1級技術者で監理技術者講習の受講者	6
1級技術者 （1級技術検定合格者、1級建築士、技術士）	5
登録基幹技能者	3
2級技術者 （2級技術検定合格者、2級建築士、木造建築士、1級技能士、第1種電気工事士、消防設備士）	2
その他の技術者 （10年以上の実務経験者、2級技能士、第2種電気工事士、電気主任技術者、電気通信主任技術者、給水装置工事主任技術者、1級計装士、建築設備士、地すべり防止工事士他）	1

正しい対応

技術職員の育成には時間も費用もかかります。

個々人のモチベーションを高め技術力をつけるためには、会社として積極的にOJT（職場内教育）を行い、資格取得奨励制度を設けるなど、資格取得のための費用を会社負担としたり、資格取得者には資格に応じた手当を支給する等、報酬面でのサポートもひとつの方法です。

上級資格を取得することで、より大きな現場、ハードルの高い責任のある仕事を任せられ、本人が目的意識を持ち、ものづくりの達成感を実感することができます。それにより本人の意気込み、モチベーションを高め、会社がこれから目指す中長期の経営目標と合致させるよう指導していくことが大切です。

会社の財産である人材を、将来的な視点で育成・定着させていく努力が必要です。

[ポイント解説]

建設業界は、長年の建設投資の減少に伴い建設各社の受注競争が激化する中で、技能労働者の就労環境の悪化という構造的な問題により、人材不足が深刻化しています。

建設業従事者の人口は、平成9年頃を境に減少の一途をたどっています。新規就労者の減少に加え高い離職率が続き、他産業に比べ職場の高齢化が一層進んでいるのが現状です。

総務省による平成24年までの労働力調査によると、建設業就労者は、55歳以上が34%、29歳以下が11%となっており、今後も就労者数の減少は続くとの予測から、次世代への技術承継が大きな課題となっています。

新規就労者にとって建設産業は、労働時間が長く、週休二日制の普及率が低い、休日が少ない、他産業との賃金格差が大きい、職場環境が悪い、といった負のイメージをもって受け止められているのも事実です。

また、技術者の人材育成が進まない理由として、企業が小規模化し工事を消化することに追われ、技能訓練を受けさせる余裕がなくなったこと、本来短期集中で身に付けるべきことが、散発で長期化していることなども挙げられます。

人材を確保し定着させるためには、年齢に応じた賃金の上昇、品質の管理、安全対策、労務管理、高齢者や女性に対する福利厚生の充実など取組むべき課題は多岐にわたりますが、会社と従業員が将来の目的をひとつにして、ひとつずつ真剣に取組んでいかなければなりません。

また、平成25年6月、厚生労働省と国土交通省が連携し、「当面の建設人材不足対策」を打ち出しており、人材確保に対する助成制度や若年者の定着を促進するため、キャリアアップ助成金、職業訓練をする事業主への支援、教育機関・ハローワークとの連携強化など、官民一体となった対策を実施していることにも注意を向けておく必要があります。

事例51

立替金、未収金の整理を行わなかったことにより経営事項審査評点が下がってしまった

当社は建設業を営んでいますが、工事受注のために要した経費を仮払金で計上しており、工事受注後においても未成工事支出金に計上せず仮払金に残してしまっています。また、未収入金勘定の中に売掛債権である完成工事未収入金とその他未収入金が計上されており、経営事項審査においても未収入金勘定の金額によって審査を行っています。

期中において資金繰りが悪化したため銀行からの借入（1億円）を行いましたが、その一方で期末に多額の立替金（1億2,000万円）が残っており、その大部分が社長の過去の持出分であるため当期末においても整理を行わずに残ってしまっています。

失敗のポイント

工事受注前に要した仮払金を工事受注後に未成工事支出金に振替えなかったことにより、本来計上されるべき未成工事支出金が少なくなり適正な営業キャッシュフロー（Y7）が算出されず、正しい経営状況分析評点（Y）が算出されませんでした。

また、未収入金勘定の中に売掛債権である完成工事未収入金とその他の未収入金が計上されていることにより、適正な営業キャッシュフロー（Y7）が算出されず、正しい経営状況分析評点（Y）が算出されませんでした。

［評点計算式］

経営状況分析評点（Y）8指標のうち

営業キャッシュフロー（2期平均）

＝経常利益＋減価償却実施額

－法人税住民税及び事業税

＋貸倒引当金（長期含む・正の数値で計算）増減額

－売掛債権（受取手形＋完成工事未収入金）増減額

＋仕入債務（支払手形＋工事未払金）増減額

－棚卸資産（未成工事支出金＋材料貯蔵品）増減額

＋未成工事受入金増減額

※完成工事未収入金が減少することにより営業キャッシュフロー評点がアップし、未成工事支出金が増加することにより営業キャッシュフロー評点がダウンします。

社長に対する立替金が多額に残っており、立替金の整理で運転資金を確保することが可能であったにもかかわらず、銀行借入を行ったことにより経営事項審査の負債回転期間（Y２）評点が下がり、また、借入に伴う利息を支払うことにより純支払利息比率（Y１）評点も下がるため、結果、経営事項審査評点が下がってしまいました。

［評点計算式］

経営状況分析評点（Y）８指標のうち

負債回転期間（Y２）

＝（流動負債＋固定負債）／売上高／12

※負債総額が売上高の何ヶ月分に相当するかを見る指標で、低いほど評点アップになります。

純支払利息比率（Y１）

＝（支払利息－受取利息配当金）／売上高×100

※売上高に対する純粋な支払利息の割合を見る比率で、低いほど評点アップになります。

正しい対応

工事受注前に要した経費のうち仮払金で計上した金額で受注後の未完成物件に係る金額は未成工事支出金に振替えます。未成工事支出金は経営事項審査の経営状況分析評点（Y）内の営業キャッシュフロー（Y7）に影響します。

未成工事支出金の増加は営業キャッシュフロー（Y7）の評価を下げてしまいますが、適正な経営事項審査の評点を算出するには未成工事支出金への振替えが必要です。

また、売掛債権である完成工事未収入金とその他の未収入金を区別し、経営事項審査の経営状況分析評点（Y）内の営業キャッシュフロー（Y7）に影響する完成工事未収入金のみを把握することにより、売掛債権である完成工事未収入金が減少し経営事項審査の評点がアップします。

借入金の増加及び利息の支払いは経営事項審査の評点をダウンさせてしまうので、銀行等からの借入の前にまずは立替金の整理を行うことが無駄な借入及び利息の支払いを減らし、経営事項審査の評点をアップさせるために必要です。

[ポイント解説]

工事受注前に要した仮払金については工事受注契約が成立した際にその受注契約をした未成工事支出金に振替える会計処理をすることにより、工事完成後において仮払金として残ってしまうことを防げます。また、現在の未収入金勘定を完成工事未収入金とその他の未収入金に区分し計上することにより適正な経営事項審査の評点を算出することができます。

社長に対する立替金は身内債権に該当するため、回収が遅くなってしまったり、そもそも回収自体が行われず立替金として残ってしまったりするものですが、資金繰りの悪化等に対して銀行借入を行う前に、立替金の整理をすることにより、借入金額を減らし又は借入自体をする必要がなくなる可能性があります。

事例52

借入金の返済、圧縮をしなかったため経審経営状況分析評点(Y)が下がってしまった

当社は工事請負契約において受注価格の一部を前受金として受け取っており、残額については工事完成引渡し後に請求をしています。

建設請負業の特徴として、工事施工期間中に資金繰りが一時的にショートすることがあり、金融機関の対応が遅れたため社長個人から借入を行いましたが、社長個人からの借入ということもあり、いまだ借入金の返済を行っていません。

失敗のポイント

請負金額の大小、工期の長短にもよりますが、工期の短い物件であれば前受金は20%から30%程度で、残額は工事完成引渡後になるケースが多いようです。

一方、工事原価については、工事の進捗に合わせそれぞれの下請け業者への支払いが発生しますので、工事出来高３０％を超えると工事完成引渡後代金回収までの間、キャッシュの入金と出金に時間的なズレが発生します。このため運転資金として借入金が必要となります。

また、社長個人からの借入は金融機関からの借入とは異なり定期的に返済を行わないことが多いため、長年にわたって借入金残高として残ってしまいます。

決算時の借入金残高が多いと経営状況分析評点（Ｙ）の負債回転期間（Ｙ２）の評点を下げます。

また、借入金残高が多いと支払利息が増えるため経営状況分析評点（Ｙ）の純支払利息比率（Ｙ１）の評点を下げます。

［評点計算式］

経営状況評点（Ｙ）８指標のうち

負債回転期間（Ｙ２）

＝（流動負債＋固定負債）／売上高／１２

※負債総額が売上高の何ヶ月分に相当するかを見る指標で、低いほど評点アップになります。

純支払利息比率（Ｙ１）

＝（支払利息－受取利息配当金）／売上高×１００

※売上高に対する純粋な支払利息の割合を見る比率で、低いほど評点アップになります。

正しい対応

借入金残高を減らすためには、まず必要運転資金の確保のため資金回収の見直しを行う必要があります。

資金回収の見直しとは、手形期日の短縮や請負代金のうち前受金割合の増額、もしくは躯体完成時、上棟時等に中間金を請求する等、工事代金の支払い回数を増やしていくことにより可能です。ただし、経審評価の基準となる決算期末までに工事が完了しない場合は、負債の部に「未成工事受入金」が残り、経営状況分析評点（Y）の内、負債回転期間（Y2）の評点が下がってしまうので、工事進行基準を採用する等、経営判断としての注意検討が必要です。

個人からの借入についても、返済可能な財務状況ならば返済することによって借入金残高を減らし、返済ができない財務状況ならば借入金の資本組入れ（DES）を行うことにより借入金残高を減らす方法も考えられます。

借入金の資本組入れ（DES）を行うと負債が減少し、純資産が増えるため自己資本比率が増加します。

また、現在よりも低利率の借入に借り換えることにより支払利息を軽減することもできます。

[評点計算式]

経営状況分析評点（Y）８指標のうち

自己資本比率（Y6）

＝自己資本／総資本×100

[ポイント解説]

借入金残高を減らす方法としては、まず工事部、営業部との連絡を密にし、資金回収の見直しを行い精度の高い資金繰り表を作成することで必要運転資金の誤差を最小限にし、余剰な借入（余分な支払利息）をなくすことが重要です。

精度の高い資金繰り表を作成することにより、恒常的に残る借入金を把握し、増資等による新たな資金導入などを検討し、会社の財務体質を改善していく努力が大切です。

また、身内債務の整理とともに金融機関からの借入金の条件を見直し、金利・返済期間の交渉をする一方で、工事代金の回収口座、協力業者への支払い・従業員の給与振込み口座の統一などで信頼関係を厚くし、少しでも有利な条件変更、または借り換えを検討・実施することで経営状況分析評点（Y）はアップします。

事例53

減価償却資産の見直し･処分等を行わなかったため経審評点が下がってしまった

当社は、経理担当者が経理に関するすべての業務を行っております。

決算において経理担当者が管理している固定資産台帳に基づいて決算処理を行い、貸借対照表には台帳に記載されている期末残高が計上されており、経営事項審査においても同額を固定資産の額として申請しておりました。

しかし、実際には経理担当者が固定資産台帳の整備を怠っており、過去に除却又は売却済で会社に存在しない固定資産が台帳に計上されたままとなっていました。

当社は経営事項審査の評点アップのため建設機械を保有、使用してきましたが当期に故障してしまい、新たに同様の機械を購入しました。

失敗のポイント

固定資産台帳の整備を怠っていたため、既に会社に存在しない固定資産が計上されていたこと、また、その他審査項目（社会性等）評点（W）の建設機械保有点数アップのためリース契約でも対象となる建設機械を、十分な検討をせず購入してしまったことにより固定資産の比率が増加し自己資本対固定資産比率（Y５）が下がってしまいました。

［評点計算式］

経営状況分析評点（Y）８指標のうち

自己資本対固定資産比率

＝自己資本／固定資産×100

※固定資産を減らすことが評点アップになります。また自己資本を増やすことでも評点アップにつながります。

●評点対象建設機械

建設機械の保有状況点数は、建設機械１台につき１点が加算されます。最高15点までです。評価対象になる建設機械は以下の３種類です。

①ショベル系掘削機（ショベル、バックホウ、ドラグライン、クラムシェル、クレーンまたはパイルドライバーのアタッチメントを有するもの）

②ブルドーザー（自重が３t以上のもの）

③トラクターショベル（バケット容量が0.4㎥以上のもの）

平成27年4月1日以降の審査から、

①移動式クレーン（つり上げ荷重3t以上のもの）

②大型ダンプ車（車両総重量8t以上または最大積載量5t以上のもの）

③モーターグレーダー（自重5t以上のもの）

以上3種類の建設機械が評価対象に追加されます。

正しい対応

固定資産台帳に基づき、減価償却費の計算を月次で行うだけでなく、固定資産の現況を把握し、固定資産台帳の整備を行うことにより適正な貸借対照表の残高を把握すること。また、長期にわたり稼動していない機械や車両については見直しを行い、売却や処分を検討することが重要です。

金額が高額となりやすい固定資産を取得する際には、自社の財務状況と照らし合わせ、借入金が増加（Y評点に影響）しないよう、購入するのか、またリース契約によって保有し経営事項審査の評点アップを図るのか、自社にとって有利となるかどうかを検討する必要があります。

[ポイント解説]

減価償却資産の見直し・処分を行い貸借対照表上の固定資産を小さくすることで、自己資本対固定資産比率（Y5）をアップさせることができます。

平成22年の国土交通省による経営事項審査の審査基準の改正では、地域防災への備えの観点から、災害時において使用される建設機械の保有状況を評価するとの指針により、経審評価対象となる建設機械の保有を奨励しておりますが、一般的に固定資産（建設機械）の購入は、固定資産比率が増加するため経審の評点は下がってしまいます。建設機械の中にはその他の審査項目（社会性等）評点（W）アップの対象となる前記の建設機械もあります。また、建設機械の保有は購入に限らずリース契約でも一定の要件（リース契約期間が経営事項審査有効期間を超えること）を満たせば評価対象となりますので十分な検討が必要となります。

事例54

経営事項審査の評点が下がると考え、含み損がある遊休土地、投資有価証券を売却しないでいたが、かえって評点が下がってしまった

当社は以前に１億円で購入した土地を保有していますが、現在は遊休地となっているため売却を検討したところ時価が1,000万円であり、多額の売却損を計上してしまうと当期純利益が減ってしまい経営事項審査の評点に不利になると考え処分しないでいます。

また、投資目的で以前より有価証券（簿価１億円の投資有価証券）を保有していますが、工事施工期間中に資金繰りが一時的にショートしたため売却を検討しましたが投資有価証券の時価（5,000万円）が取得時よりも下落しており、投資有価証券売却損経営事項審査の評点に不利になると考え売却しないでいます。

失敗のポイント

経営事項審査の自己資本額・平均利益額評点(X2)アップのため、当期純利益額を減少させてしまう遊休地及び投資有価証券の売却を行わないでいましたが、実際は遊休地及び投資有価証券を売却することにより計上される売却損は特別損失に該当するため経営事項審査の評点には影響が少なく、また遊休地を売却することにより固定資産比率が減少するため自己資本対固定資産比率(Y5)がアップし、結果、経営事項審査の評点アップにつながることを考慮していませんでした。

[評点計算式]

経営状況評点(Y)8指標のうち

自己資本対固定資産比率

=自己資本/固定資産×100

※固定資産を減らすことが評点アップになります。また自己資本を増やすことでも評点アップにつながります。

自己資本額・平均利益額評点(X2)

=(自己資本額評点(X22)+平均利益額評点(X22))/2

※平均利益額とは利払前税引前償却前利益の2期平均です。

利払前税引前償却前利益

=営業利益+減価償却実施額

正しい対応

自己資本額・平均利益額評点（X2）の評価に影響があるのは営業利益であり当期純利益ではないため、遊休地を売却することによって計上される売却損（特別損失）は評点には影響が少なくて済みます。むしろ土地は簿価が大きく、また、減価償却を行わない固定資産であるため固定資産比率を圧迫し、経営状況分析評点（Y）の自己資本対固定資産比率（Y5）を下げてしまいます。遊休地を売却することにより固定資産比率が減少し自己資本対固定資産比率（Y5）がアップします。

[ポイント解説]

経営事項審査の評点計算方法を理解することにより、含み損を抱えてしまっている遊休地及び投資有価証券を売却しても経営事項審査の評点には影響が少なく、かえって固定資産価額が高額であり、かつ、遊休地となっている土地を売却することにより、貸借対照表上の固定資産が減少し、自己資本固定資産比率（Y5）をアップさせることができます。

また、資金繰りがショートしている際には経営事項審査評点をダウンさせてしまう借入金の増加を防ぐことができます。

［評点計算式］

経営状況評点（Y）8指標のうち

負債回転期間（Y2）

＝（流動負債＋固定負債）／売上高／12

※負債総額が売上高の何ヶ月分に相当するかを見る指標で、低いほど評点アップになります。

事例55

社会性等の評点

当社は、工事受注時期が季節的要因に影響される業種でもあり、長引く建設不況と相まって従事する現場労働者の人数も一定せず就業期間の短い労働者も多く、雇用保険や厚生年金などの社会保険への加入管理がおろそかになっていました。経営事項審査の基準日が近づいたため経審の申請を行ったところ、「その他審査項目」で大きく減点されてしまいました。

失敗のポイント

その他の審査項目（社会性等）評点（W）は、社会的貢献度などの評価項目となっており、労働福祉点数（W1）、営業継続点数（W2）、防災協定点数（W3）、法令遵守点数（W4）、建設業経理点数（W5）、研究開発点数（W6）、建設機械保有点数（W7）、国際標準化機構登録点数（W8）、若年技術者育成確保状況点数（W9）の合計×10×190／200の計算式で求めたものを評点（W）とします。特に労働福祉点数のうち雇用保険・健康保険・厚生年金保険に関しては、加入が義務付けられているため減点だけの項目となっており、平成24年7月の改正で健康保険・厚生年金保険が別々に評価され減点幅が－40点に拡大しています。したがって、雇用保険・健康保険・厚生年金保険の3つが未加入の場合、－120点となります。

今改正後、国土交通省、厚生労働省とが連携して社会保険未加入対策の厳格化を徹底させる方向で動いていますので、公共工事に参加される建設業者は、社会保険加入が絶対要件となります。

正しい対応

労働福祉点数（W１）の項目は、以下の点数を合計したものです。

保険制度	未加入	加入
雇用保険	−40点	0点
健康保険	−40点	0点
厚生年金保険	−40点	0点
建設業退職金共済制度	0点	15点
退職一時金制度もしくは企業年金制度	0点	15点
法定外労働災害補償制度	0点	15点

雇用保険・健康保険・厚生年金保険は、加入が義務付けられているため減点項目ですが、加点項目としては上記のうち３つの制度があります。

①建設業退職金共済制度とは、建設産業全体が適用対象となる国が運営する制度です。他産業に比べ建設産業で働く労働者の場合、就労期間が決まった現場に従事する場合が多いため、頻繁に現場や事業所を替えながら働くという就労形態の特殊性から、事業所ごとの退職金の支給対象とはなりにくい面があります。このため、建設業の事業主が独立行政法人勤労者退職金共済機構と退職金共済契約を結び、労働者に交付された共済手帳に労働者が働いた日数

に応じ共済証紙を貼ることにより、退職時に建設産業で働いた期間の全部が通算されて、機構から直接労働者に退職金が支払われる制度です。また、一人親方でも、一人親方が集まり任意組合をつくることにより、被共済者となることができます。この場合、掛金の税法上の取扱いとして、共済契約者に雇用され、共済証紙の貼り付けを受けた場合には給与所得には含まれませんが、共済契約者が任意組合に支払った組合費（掛金）は必要経費として損金にはなりませんので注意が必要です。

②退職一時金制度もしくは企業年金制度の制定またはこれに加入している場合には15点が加点評価されます。企業年金制度は、国により加入が義務付けられている国民年金（基礎年金）と厚生年金保険（厚生年金）との「公的年金」の他、企業が独自に「公的年金」に上乗せする「私的年金」です。経審での導入確認書類として企業年金については企業年金加入証明、退職一時金制度については就業規則・退職金規定・退職金の原資が確認できる資料が求められます。

③法定外労働災害補償制度とは、政府の労働災害補償制度とは別に上乗せ給付するもので、以下の要件を満たしている場合15

点の加点評価になります。

・審査基準日が保険期間に含まれていること

・関係する施工現場（元請工事・下請工事）が全て対象であること（共同企業体工事現場、海外工事現場は除く）

・当社及び下請に雇用されている全労働者が補償対象であること

・業務災害と通勤災害の両方を対象としていること

・死亡及び労働者災害補償保険の障害等級が第１級から第７級までを補償の対象としていること

以上、加点項目である建退共や退職金制度の有無は、その費用負担が大きく長期にわたるため、経営状態をよく見極めた上でバランス良く導入することが望ましいと思われます。

［ポイント解説］

●その他審査項目（社会性等）（W）の評点

営業継続点数（W２）

営業継続点数は、営業年数点数と民事再生法・会社更生法の適用の有無の点数を加算したものです。

営業年数点数は、建設業の許可または登録を受けた時より審査基準日までの期間を、算出テーブルに当てはめて点数を求めます。

営業年数点数　算出テーブル

営業年数	点数	営業年数	点数	営業年数	点数
35年以上	60	24年	38	13年	16
34年	58	23年	36	12年	14
33年	56	22年	34	11年	12
32年	54	21年	32	10年	10
31年	52	20年	30	9年	8
30年	50	19年	28	8年	6
29年	48	18年	26	7年	4
28年	46	17年	24	6年	2
27年	44	16年	22	5年以下	0
26年	42	15年	20	—	—
25年	40	14年	18	—	—

民事再生法・会社更生法の手続き期間中は－60点で評価されます。

防災協定点数（W３）

防災協定点数は、国、地方公共団体または特殊法人などとの間で、災害時の防災活動について防災協定を締結し、防災活動に一定の役割を果たすことが確認される場合に15点が加算されます。

法令遵守の状況点数（W４）

法令遵守の状況点数は、審査対象事業年度に建設業法第28条第1項の規定に基づく営業停止処分を受けた場合は－30点、指示処分を受けた場合は－15点となります。

建設業経理の状況点数（W５）

建設業経理の状況点数は、監査の受審状況点数と公認会計士等数点数を加算したものです。会計監査人の設置は20点、会計参与を設置している場合に10点、公認会計士、公認会計士補、税理士、登録経理試験合格者（1

級建設業経理士）の資格を持つ職員が、経理処理を適正に行っている旨の確認書類を提出した場合は2点の評価がされます。　公認会計士等数点数は、次の式で算出した数値を完成工事高別の算出テーブルに当てはめ求めます。

公認会計士等数値＝（公認会計士、会計士補、税理士、登録経理試験１級合格者の数）×１＋（登録経理試験２級合格者の数）×０．４

技術職員数の項目で、技術職員のスキルアップが評点アップとなったように、W5の項目においては、経理職員が建設業経理士1級または2級の資格取得により評点がアップします。特に1級の資格取得者は自主監査のできる対象者として経理処理の適正確認書類に署名押印ができるため、評点アップにつながります。

研究開発の状況点数（W６）

研究開発の状況点数は、会計監査人設置会社に限定して、研究開発費の2期平均を5,000万円以上1点から100億円以上25点の算出テーブルに当てはめて求めます。

建設機械の保有状況点数（W７）

建設機械の保有状況点数の評価対象には、自ら所有している建設機械の他、一定の条件を満たしたリース契約の建設機械も含まれます。評価方法は、建設機械1台につき1点、15台以上15点を上限とします。

国際標準化機構が定めた規格による登録の状況点数（W８）

ISO9001、ISO14001の規格を両方取得している場合は10点、いずれかの場合は5点として評価されます。ただし、認証範囲に建設業が含まれていない場合、会社単位ではなく特定の事業所単位での認証の場合は評価対象となりません。

若年の技術職員の育成及び確保の状況点数（Ｗ９）

若年の技術職員の育成・確保に継続的に取り組んできた建設業者を評価する観点から、平成27年4月以降の経営事項審査から採用された評点です。

具体的には、継続的な取り組みを評価するために技術職員名簿に記載された35歳未満の技術職員数が技術職員名簿全体の15％以上の場合に一律1点、審査対象年における取り組みを評価するために審査基準日から遡って1年以内に新たに技術職員名簿に記載された35歳未満の技術職員数が技術職員名簿全体の1％以上の場合に一律1点、最大2点の加点があります。

参考文献

国税庁　www.nta.go.jp

国土交通省　www.mlit.go.jp

厚生労働省　www.mhlw.go.jp

一般財団法人 建設業情報管理センター　www.ciic.or.jp

独立行政法人 勤労者退職金共済機構　www.taisyokukin.go.jp

全国建設労働組合総連合　www.zenkensoren.org

株式会社 建設業経営情報分析センター　www.ciac.jp

一般社団法人 全国建設業労災互助会　www.rousaigojyokai.or.jp

公益財団法人 建設業福祉共済団　www.kyousaidan.or.jp

一般財団法人 建設業振興基金　www.kenseteu-kikin.or.jp

「平成26年度版　税金対策提案シート集」辻・本郷 税理士法人著、銀行研修社

「Q&A建設業の税務と会計処理」吉野昌年著、清文社

「建設業の会計・税務ハンドブック」東陽監査法人著、清文社

「減価償却実務問答集」秀島友和編、納税協会連合会

「新減価償却の法人税務」成松洋一著、大蔵財務協会

「法人税基本通達逐条解説」大澤幸宏著、税務研究会

「所得税基本通達逐条解説」後藤昇著、大蔵財務協会

「消費法税基本通達逐条解説」浜端達也著、大蔵財務協会

「経営・税金ポイント100」辻・本郷 税理士法人著、大成出版社

「消費税増税法が規定する工事請負契約の経過措置」全建総連税金対策部

「図解源泉所得税」山下孝一著、大蔵財務協会

「源泉所得税の実務」増井弘一著、納税協会連合会

「建設業の社会保険未加入対策と労務コンサル実務」木田修著、日本法令

「経審対策ガイドブック」高田守康著、建通新聞社

辻・本郷 税理士法人

平成14年4月設立。東京新宿に本部を置き、顧問先数約10000社、スタッフは1102名（関連グループ会社を含む）を擁している。医療、税務コンサルティング、相続、事業承継、M&A、企業再生、公益法人、移転価格、国際税務など各税務分野別に専門特化したプロ集団。弁護士、不動産鑑定士、司法書士との連携により顧客の立場に立ったワンストップサービスとあらゆるニーズに応える総合力をもって業務展開している。

〒160-0022　東京都新宿区新宿4丁目1番6号　JR新宿ミライナタワー 28階
電話　03-5323-3301（代）
FAX　03-5323-3302
URL　http://www.ht-tax.or.jp/

本郷 孔洋

公認会計士・税理士

国内最大規模を誇る税理士法人の理事長。総勢1102名のスタッフを率いる経営者。会計の専門家として会計税務に携わって30余年。各界の経営者・起業家・著名人との交流を持つ。

早稲田大学第一政経学部を卒業後、公認会計士となる。東京大学講師、東京理科大学講師、神奈川大学中小企業経営経理研究所客員教授を歴任。

「税務から離れるな、税務にこだわるな」をモットーに、自身の強みである専門知識、執筆力、話術を活かし、税務・経営戦略などの分野で精力的に執筆活動をしている。「経営ノート2016（東峰書房）ほか著書多数。

辻・本郷 税理士法人　建設業プロジェクトチーム

伊東 雄太（リーダー）、小林 作士ミ、松村 幸一郎、宮島 亮、平松 哲治、平原 誠、泉山 雅克、佐々木 和彦、田中 義美、西山 精治、桐山 礼司、喜舎場 耕太、高森 俊、湯浅 薫、大川 智也税理士が見つけた!
本当は怖い
建設業経理の失敗事例55

2015年7月15日　初版第1刷発行
2016年8月17日　初版第2刷発行

監修	本郷 孔洋
編著	辻・本郷 税理士法人　建設業プロジェクトチーム
発行者	鏡渕　敬
発行所	株式会社 東峰書房 〒102-0074 東京都千代田区九段南4-2-12 電話　03-3261-3136　FAX　03-3261-3185 http://tohoshobo.info/
装幀・デザイン	小谷中一愛
イラスト	道端知美
印刷・製本	株式会社 シナノパブリッシングプレス

©Hongo Tsuji Tax & Consulting 2015
ISBN　978-4-88592-168-1C0034